── 2024暢銷改版 ──

餐桌上的
調味百科

就是那個「味」！掌握道地風味的完美醬料烹調事典

CONTENTS

Part

1

基礎調味品

Part
2
調合調味品

Part
3

常用調味辛香料

基礎萬用辛香料

懂得調味，讓料理更有滋味

　　怎麼做能讓料理變好吃？烹煮時加匙鹽、撒點胡椒、淋幾滴油醋？調味不單只有一種方法，這些年教學時常有學生問：「怎樣才能煮出和餐廳相同的味道？」我想，選對食材很重要，適時適量運用調味料、製作醬汁，也一點都不能馬虎。

　　17歲入廚房當學徒，數十年來陸續待過多家大飯店，我也從一個愛料理的小夥子，一路磨練到主廚職務。期間還曾外派法國，在里昂的米其林三星大廚PaulBocuse旗下餐廳Le SUD學習法式料理。13年前轉戰餐旅大學，面對學生我傾力傳承經驗，輔導他們未來與職場銜接，過程中也不斷反思，和學生一起成長，而在5年前又重回業界和好友黃光宇一起籌備台北慕舍酒店，也外派西班牙在Molino de Urdaniz米其林二星餐廳學習西班牙料理，讓我更了解不同料理的奧妙。

　　調味之於料理，是讓食物更好吃的魔法。這次與好吃編輯部合著的《餐桌上的調味百科》，希望能幫助愛好料理者及餐旅科系的學生、剛入行的師傅們，更了解調味和做醬的精髓，每道料理，都是增一分減一毫的配方實驗，調出美味並不困難，這本全方位下廚必備料理書值得收藏。

　　除了感謝好吃編輯部的合作邀請，將我一直想出版的內容付諸實行，也要特別感謝我明道大學餐旅系畢業學生——劉兆銘、楊詩培在拍攝期間的辛勞，更謝謝攝影師璞真跟奕睿，讓美食從味覺感受提升到視覺饗宴，還有此刻正在看序的讀者，希望您喜歡這本書。讓我們一起練習調味，讓料理更有滋味吧！

林勃攸

自己做醬，調出美味記憶

小時候，外婆家的廚房就像百寶箱，神秘又令人好奇。有次拉著媽媽進去探險，醬油、米酒、油醋鹽糖在櫃上排排站，後陽台擺了幾個大玻璃罐，盛裝著外婆自釀的鳳梨豆醬、甜酒釀、梅子，媽媽笑道：「這些味道，我從小吃到大呢！」在外婆手中，調味無須複雜，簡單幾款調味佐料、辛香料，就能變化出令人難忘的好滋味。

近年健康意識抬頭，加上食安風暴頻傳，「自己在家煮」再度形成一股風潮，開啟人們重返廚房的契機。中國人做菜講求色香味，想要調出美味，首先一定要理解風味。廚房的常備調味料看似尋常，背後卻隱藏了繁複的學問，以醬油為例，原料可分黃豆、黑豆、豆麥，能釀出醬油、蔭油、淡醬油、壺底油……，本書引領讀者進入調味的世界，詳解各式調味料的特色，釐清相似調味品的同與不同，進一步延伸到自製醬料與美味菜餚，實用度十足，應用脈絡清晰。

設計並示範食譜的林勃攸老師，擁有三十多年的廚師資歷，對中西日南洋等各國飲食深刻了解，從調味料挑選、用途、製醬、料理到保存全部傾囊相授，幫助你更懂得掌控酸甜苦辣鹹鮮的比例，讓食物色香味俱全，「愛吃」更該「懂吃」，親手調配出獨一無二的美味記憶。

Part
1

一 基礎調味品

Table Salt
〈 食鹽 〉

醃漬 涼拌 各式烹調

天然純粹的鹹味來源

想要替菜餚增添鹹味，「鹽」常是我們第一個想到的首選。食鹽本身沒有特別突出的滋味，卻能被廣泛運用在各式調味裡，煮菜時適量添加能增添鹹度，或是在甜食中加點鹽可引出甜味、提升味覺層次，鹽既能幫助入味又有解膩、提鮮的效果，因此也有「百味之王」的美名。

不僅如此，鹽對延長保存期限也有幫助，食物會變質是由於微生物滋長，與食物內含的水分、營養物質、酸度、溫度密切相關。高鹽分是利用滲透壓造成食材脫水、水活性下降，導致細菌難以存活（如臘肉、醃菜、醬瓜等），藉此達到防腐效果。

消除刺激感且防止氧化 削好的鳳梨塊浸泡食鹽水能抑制鳳梨酶活性，降低對口腔黏膜、舌頭的刺激感；還可將切好的蘋果、水梨浸泡食鹽水，防止表面氧化變黑。

殺青除澀 有些蔬果天生味道微苦、生澀，藉由鹽粒摩擦刮破蔬果表皮，使鹽滲入組織去除澀液和生味，青梅、橄欖等苦澀味較重的蔬果，甚至必須長時間用鹽浸漬才能殺青除澀。

〈 保存要訣 〉

• 鹽類的吸濕性強，當存放環境過於潮濕容易潮解，反之，若存放環境過於乾燥，又容易變硬結塊。

• 鹽類開封後應將袋口綁緊，或以密閉盒罐存放，置於無陽光直射、乾燥陰涼處，並盡快使用完畢。

• 在外用餐時，常見餐廳的鹽罐裡放了少許的米，是因為米的吸濕性比鹽更強卻不會潮解，將米和鹽擺在一起能吸收水分，使鹽常保乾燥。

挑選技巧 Check!

1 食鹽的色澤白而純淨、無雜質、顆粒粗細一致。

2 市售食鹽多為袋裝，海鹽或其他鹽類則常以罐裝或小袋裝販售，基於衛生與保存條件考量，應優先選購有品牌、包裝完整的產品。

3 留意包裝標示之成分、醒語、效期、產地、廠商等資訊。

鹽類風味比一比

鹽是民生必需品，也是自然界普遍存在的物質，人體也存有一定比例的鹽分（鈉）以維持正常生理機能。根據形成過程，可簡單區分海鹽、岩鹽、湖鹽、井鹽四大類，另有一些不同製程、性狀的鹽，都用獨到的個性替飲食增添風味。

食鹽

粗細
★★☆☆☆

鹹度
★★★★★

特色
白色，顆粒粗細一致，料理最常用。

霜鹽

粗細
★★☆☆☆

鹹度
★★★★☆

特色
嘉義當地特色鹽，利用日曬製成，顏色偏白。

海鹽

粗細
★★★★☆

鹹度
★★★★☆

特色
通常顆粒較粗，另有細粒海鹽。

竹鹽

粗細
★★★★☆

鹹度
★★★☆☆

特色
淺棕色或淺灰色，味道清爽不死鹹。

藻鹽

粗細
★★☆☆☆

鹹度
★★★☆☆

特色
淺棕色細粒，有淡淡海藻鮮味，另有綠色藻鹽。

湖鹽

粗細
★★☆☆☆

鹹度
★★★☆☆

特色
淺米色，口感溫潤，觸摸感覺濕度較高。

安地斯紅鹽

粗細
★★★★★

鹹度
★★★☆☆

特色
即玫瑰鹽，顆粒粗細不一，另有研磨成細粒的紅鹽。

猶太鹽

粗細
★★★☆☆

鹹度
★★★☆☆

特色
顆粒形狀不規則，質地硬較難溶解。

Sea Salt
〈 海鹽類 〉

顧名思義，即以海水為原料製成的鹽。有些地區會引海水入鹽田，再藉日曬及風吹蒸發水分獲得結晶鹽，另一種作法則是將海水濃縮蒸煮亦能取得海鹽。

鹽之花

有頂級海鹽稱號的「鹽之花（Fleur de sel）」，以法國的蓋朗德（Guérande，也譯為給宏德）所產的鹽之花最負盛名。鹽之花因顏色白、重量輕，漂浮在鹽田水面上需手工輕採，產量珍貴稀少。其鹹味圓潤有層次，較少用於加熱烹煮，老饕常以新鮮蔬菜或優質牛肉佐鹽之花，或製作焦糖、巧克力甜點時添加少許提升風味。

天然海鹽

含微量礦物質的天然海鹽，製作時需先將海水引入鹽田，再經太陽曝曬結晶而成。然而近年海水汙染的問題層出不窮，購買前建議認明產地來源，並了解是否通過汙染或重金屬檢測合格。

粗粒海鹽

鹽類 — 基礎調味品 — 調合調味品 — 常用辛香料 —

鹽片

鹽片也被稱為鹽花，是浮在鹽田水面的片狀結晶鹽，早期的鹽工會將鹽片敲碎讓它隨礦物質一起沉澱，後來發現鹽片的鹹度較低、風味有層次，是很不錯的調味品，於是便開始人工採集販售。除了海鹽片，尚有一些地區有產河鹽片。

沖繩雪鹽

日本沖繩縣的宮古島市，出產一種細白如雪、顆粒細緻、口感柔和的鹽，人們依外觀特徵取名為「雪鹽」。當地透過珊瑚石灰岩地質過濾深層海水，孕育出保留天然礦物質的雪鹽，除了烹調時添加調味，也有商家衍生出柚子、抹茶、紫蘇、山葵等獨特口味的雪鹽，適合搭佐不同的餐食。

法國海鹽

Rock Salt
〈 岩鹽類 〉

岩鹽有「鹽的化石」之稱，因遠古時代經歷地殼板塊變動形成海水湖，隨時間流逝、海水蒸發，逐漸沉積、堆疊、固化而造就了岩鹽礦。

玫瑰鹽

市面上的玫瑰鹽多來自喜馬拉雅山脈及安地斯山脈，因似玫瑰般的淡橘色、粉紅色、橘紅色而得名，誘人的色澤歸因於內含較高的礦物質（鐵質），常用以佐搭牛排、魚肉，或製作調酒專用的鹽口杯，色味俱全。

火山鹽（紅、黑）

夏威夷和冰島獨特的火山地形，產生了深具特色的黑鹽或紅鹽，含多種礦物質及微量元素。黑鹽裡有些許火山灰，入口會浮現獨特的煙燻香氣，很適合搭配燒烤牛排、雞肉等肉類，而紅鹽則可用來烤魚、貝類，突顯海鮮的鮮甜層次。

玫瑰鹽

Other
其他

藻鹽

除了食鹽、海鹽、岩鹽外，日常裡還有哪些不同種類、不同製法的鹽類呢？

藻鹽

講究飲食細節的日本人，循著天然環境與手製傳統，生產許多別具特色的名鹽。以日本淡路島知名的藻鹽為例，職人將海藻浸於海水中煉製具海藻味的藻鹽，據說利用藻鹽煮湯或烹調海鮮，能讓料理滋味更鮮醇。

湖鹽

湖鹽

湖鹽也稱池鹽，多產生於乾燥地帶，遠古時代經歷地殼或陸地變動，使海水封閉在內陸形成海水湖，後續水分蒸發、濃縮成鹹水湖，月積年累進一步形成湖鹽。湖鹽產地如智利（阿塔卡瑪沙漠為世界第二大鹽湖）、澳洲、美國猶他州等，中國亦有內陸湖生產湖鹽。

竹鹽

竹鹽

將海水日曬製成的天日鹽放入竹筒，再用潔淨的黃土將兩端封口，之後反覆燒烤數次即能獲得淺棕色或淺灰色的竹鹽。竹鹽適用於煎、煮、炒等烹調方式，也可撒在燒烤類上增添風味。

猶太鹽

猶太鹽（kosher salt），也稱祝禱鹽或潔淨鹽，根據猶太教的飲食文化製作，來源和用途眾說紛紜，有一說法認為猶太鹽用於處理符合猶太教規的肉類，拿來清洗肉上的血水。猶太鹽的顆粒稍粗、形狀不

規則，因味道不會過鹹、氣味溫和不刺鼻，被認為最能保留食物原味，深受許多廚師喜愛。

井鹽

井鹽又稱泉鹽，因獨特的地質條件，讓原本存於地層的鹽質溶解成滷水，人們透過鑿井取得地下鹽泉，再進一步製成井鹽。中國四川的自貢井是井鹽的產地，明朝宋應星的《天工開物》一書中也對四川井鹽有所記載。

猶太鹽

鹽類 ｜ 基礎調味品 ｜ 調合調味品 ｜ 常用辛香料 ｜

自己動手做開胃醃漬小菜

如何保存

做好的台式泡菜室溫下可放置1-2小時，冷藏1-2週。

台式泡菜

材料

高麗菜⋯⋯⋯⋯750g
蒜頭⋯⋯⋯⋯⋯50g
紅辣椒⋯⋯⋯⋯24g
紅蘿蔔⋯⋯⋯⋯125g
小黃瓜⋯⋯⋯⋯125g
冰糖⋯⋯⋯⋯⋯200g
粗粒海鹽⋯⋯⋯60g
糯米醋⋯⋯⋯⋯300mL
水⋯⋯⋯⋯⋯⋯200mL
冷開水⋯⋯⋯⋯2L

作法

1_ 高麗菜洗淨切塊，紅蘿蔔、小黃瓜切薄片，蒜頭去皮拍扁，紅辣椒切斜片備用。

2_ 取一鍋，將水和冰糖溶解煮開，放入拍扁的蒜頭、糯米醋，再一次煮開後關火放冷。

3_ 將切好的高麗菜放入粗粒海鹽中先抓勻醃漬，再放紅蘿蔔、小黃瓜片一起拌勻醃漬1小時，每隔15分鐘翻動搓揉一次，至高麗菜出水後，將高麗菜用冷開水洗過並瀝乾水分。

4_ 最後將步驟2煮好的醋汁，倒入高麗菜裡醃漬並放入冰箱，2天後即可食用。

Tips
—
泡菜屬於發酵類食物，做好後可先在室溫中放置一下，因為這個溫度下乳酸菌等微生物活躍，會讓食物會自然變酸，可不是變質壞掉喔。

Column

自己動手做開胃醃漬小菜

如何保存

做好的黃金泡菜室溫下可
放置1-2小時，冷藏1-2週。

黃金泡菜

材料

大白菜	1.2kg
蒜頭	30g
粉薑	15g
紅蘿蔔	120g
南瓜	120g
青蔥綠	50g
紅辣椒	12g
橄欖油	15mL
辣豆腐乳	25g
蘋果醋	100mL
魚露	30mL
鹽	30g
芝麻油	80mL
白砂糖	80g
冷開水	2L

作法

1_ 大白菜對切兩次（四大塊），洗淨瀝乾。加入鹽，用手搓揉擠壓大白菜葉片約1小時至大白菜出水，再將大白菜以冷開水沖洗後瀝乾水分。

2_ 紅蘿蔔、南瓜去皮切片，用橄欖油炒出香味，放入果汁機，加蒜頭、薑、紅辣椒、辣豆腐乳、蘋果醋、魚露、白砂糖、芝麻油，用果汁機打成泥狀。

3_ 青蔥綠切成蔥花備用。再將泥狀醬汁均勻塗抹到每片大白菜葉正反面，抹好後再拌入青蔥綠，送進冰箱冷藏4小時即可食用。

Tips

大白菜不宜切太小，以免醃漬久了容易變爛影響口感。若果汁機用完有異味，可加入檸檬水打30秒即可去除味道。

自己動手做開胃醃漬小菜

如何保存

做好的辣蘿蔔室溫下可放置
6-8小時,冷藏2-3週。

醃辣蘿蔔

材料

白蘿蔔	750g
蒜頭	15g
鹽	25g
辣豆瓣醬	30g
米醋	20mL
白砂糖	30g
高粱酒	15mL
醬油	7.5mL
香油	45mL
冷開水	2L

作法

1_ 白蘿蔔洗淨不去皮，切成厚1公分、長5公分的條狀。蒜頭去皮切末備用。

2_ 將鹽撒在切好的白蘿蔔上拌勻，用重物壓、靜置一晚待白蘿蔔出水，再用冷開水稍微清洗，裝入棉布袋扭乾。

3_ 玻璃容器內放入蒜頭末、辣豆瓣醬、米醋、白砂糖、高粱酒、醬油、香油，攪拌至糖溶化再把白蘿蔔放入醃漬2-3天即可食用。

Tips

把蘿蔔漂亮的表皮留下來醃漬才有脆度，多次攪拌比較容易入味。醃漬物爽口美味，是餐桌上少不了的開胃小菜，自製最安全衛生，也更能不計成本講究品質用料。

如何保存

做好的醃梅室溫下可放置1
年，冷藏1-2年。

酸甜醃梅

材料

六七分熟的青梅……3kg
冷開水………………3L
水……………………2L
鹽……………………600g
白砂糖………………2kg

作法

1_ 青梅清洗乾淨，撒上粗鹽搓至稍微變軟。

2_ 將梅子放入盆中，加冷開水淹過梅子表面，浸泡3天。

3_ 將梅子撈出濾乾水分。放入玻璃容器裡，另將砂糖和水煮成糖液放冷，再倒入容器裡加蓋醃漬，靜置約6個月待其入味再食用。

Tips
—

醃漬過程中，有時會出現白色漂浮物——醋酸菌，不需要太擔心，先把醋酸菌撈起丟掉，再把湯汁倒出，煮沸放涼再倒回玻璃容器裡繼續醃漬即可。

白砂糖

熟成時散發的香甜滋味

自然界許多蔬果，成熟時都會自然散發香氣、甜味，生物學家研究認為，「除了貓以外的動物，幾乎都嗜甜」，因為人與動物的味覺天生具趨避性，會趨向濃郁、香甜、好吃的食物，自動排斥苦澀、尖酸、難聞的味道。

全球的糖類中，超過七成的原料為甘蔗，其餘從甜菜等高含糖農作物萃取提煉

而來。精煉蔗糖時，會經過「溶解→去雜質→多次結晶煉製」的程序，分離出糖蜜，留下精製糖。除了以蔗糖為主原料的白砂糖、黃砂糖、冰糖、黑（紅）糖、方糖等，日常接觸的糖類還有果糖、麥芽糖、蜂蜜、椰糖、棕櫚糖等，各自以獨特的色澤、質地、香氣、風味，替生活增添甜蜜。

分蜜糖	白砂糖：細砂、特砂
	黃砂糖
	冰糖
	晶冰糖
	糖粉
	方糖
含蜜糖	天然：黑/紅糖（粉狀）
	加工：黑糖粒、黑糖塊、黑糖磚
其他	麥芽糖
	果糖
	蜂蜜
	楓糖
	椰糖
	棕櫚糖
	海藻糖

White Sugar
白砂糖

〈 醃漬 〉〈 涼拌 〉〈 所有烹調 〉〈 糕點烘培 〉〈 甜湯 〉〈 飲料 〉

方糖

砂糖呈現的顏色，取決於加工精緻程度，我們常用的糖類中，以白砂糖和冰糖色澤最白（純度達 99.6% 以上），其次是淺黃棕色的黃砂糖（二砂），顏色較深的則是保留較多礦物質的紅糖與黑糖。

糖粉、海藻糖與方糖

質地細緻的白色糖粉（糖霜粉），其實是研磨更細的白砂糖，但因粉末極細易

	白砂糖	黃砂糖（二砂）	紅糖與黑糖
型態	細顆粒為「細砂」 粗顆粒為「特砂」	細砂狀	粉狀或塊狀居多
風味	白砂糖、冰糖的味道較單純、乾淨	黃砂糖帶甘蔗蜜香	獨到焦香氣息風味獨特

海藻糖

受潮，所以會添加澱粉（玉米澱粉，比例約 3－10％）避免結塊，故甜度比砂糖稍低，常用於焙製點心或糖飾，使用前應先過篩。

外觀和糖粉相近的海藻糖，常被誤以為是人工代糖，其實它是不折不扣的天然糖類，甜度只有砂糖的一半、熱量也較低，近年廣泛運用於西點烘焙。

至於外觀精巧方正的方糖，主用途是替熱飲調味，成分是單純的蔗糖，只是將砂糖壓縮成方型塊狀，便於保存與取用。

糖粉

〈 功能應用 〉

調味保濕 調整甜味濃淡，部分中式菜餚也會加少許砂糖提味，且糖具有良好保水性，能維持濕潤度、避免變硬。

有助發酵 糖分能幫助酵母發揮活性，拿麵包的麵團來說，酵母吃下糖分後更有力氣工作，能繼續生產二氧化碳促進麵團發酵。

保存防腐 為了預防腐敗，老祖先就懂得放入大量的糖或鹽醃漬食物，原理在於透過滲透作用，使食材內部糖分或鹽分與外界達到平衡，同時影響微生物的酵素活性、防止細菌滋生，醃漬後不僅風味獨特，還能延長保存期。

〈 保存要訣 〉

- 開封後將袋口綁緊收入密封盒罐內，或直接倒入密封盒罐保存，置於無陽光直射的乾燥陰涼處。

- 假使受潮結塊，可將整塊砂糖放入烤箱以130℃烘10分鐘左右，烘烤時多留意狀況，以免溫度過高、時間過長導致焦黃。

Check! 挑選技巧

1 白砂糖色白且帶結晶光澤，顆粒鬆散、乾燥、無雜質，品嚐或嗅聞都有淡淡清甜。

2 市售砂糖多為袋裝，購買前請留意製造日期與保存期限，包裝完整無破損，散裝產品如標示不明、保存環境不佳應避免購買。

Tips_

如果不喜歡辣味，可將紅辣椒省略。
金桔也可以用金棗代替，甜度及鹹
度可自行酌量調整。

B

A

Tips_

想要做好糖醋醬，比例掌握是關鍵，有了酸甜醬
料的輔佐，還要突顯主食材的鮮甜，料理才會好
吃，所以正確的調味順序為「先放糖，後放鹽」，
因鹽會消除食材水分，並促使蛋白質凝固，導致
糖的甜味無法充分融入，所以料理時要記得先放
糖後放鹽。

A 糖醋醬_

沾醬 燒烤 海鮮 魚肉 雞肉 豬肉 牛肉 蔬菜 麵飯 甜品 飲料

材料

水……………90mL

番茄醬………90mL

白醋…………90mL

白砂糖………120g

鹽……………3g

如何保存

使用前適量製作即可。做好的醬室溫下可放置3-5小時，冷藏1-2週。

作法

將水、番茄醬、白醋、白砂糖、鹽放入鍋裡，用小火煮至溶化即可。

B 客家金桔醬_

沾醬 燒烤 海鮮 魚肉 雞肉 豬肉 牛肉 蔬菜 麵飯 甜品 飲料

材料

金桔…………600g

紅辣椒………12g

白砂糖………250g

鹽……………5g

米酒…………15 mL

如何保存

可事先做起來，想吃隨時取用。做好的醬室溫下可放置3-4天，冷藏2-3週。

作法

1_ 金桔洗淨，放入電鍋蒸熟後對剖去籽。

2_ 準備果汁機，放入已蒸熟去籽的金桔、白砂糖、鹽、米酒、紅辣椒打成泥。

3_ 將打好的金桔泥倒入鍋中用慢火煮，一邊煮一邊攪拌，煮滾即成。

糖類 — 基礎調味品 — 調合調味品 — 常用辛香料 —

桔醬燒雞腿_

材料

去骨雞腿⋯⋯⋯200g	桔醬⋯⋯⋯⋯60g
洋蔥⋯⋯⋯⋯80g	番茄醬⋯⋯⋯40mL
紅甜椒⋯⋯⋯60g	蠔油⋯⋯⋯⋯30mL
甜豆⋯⋯⋯⋯50g	醬油⋯⋯⋯⋯15mL
青蔥⋯⋯⋯⋯30g	米酒⋯⋯⋯⋯15mL
粉薑⋯⋯⋯⋯10g	五香粉⋯⋯⋯3g
水⋯⋯⋯⋯150mL	蒜粉⋯⋯⋯⋯3g
太白粉⋯⋯⋯15g	白胡椒粉⋯⋯3g
沙拉油⋯⋯⋯15mL	白砂糖⋯⋯⋯3g

作法

1_ 食材洗淨，洋蔥、紅甜椒切塊，青蔥切段、薑切片，甜豆剝除老筋燙過備用。

2_ 雞腿切塊，以五香粉、蒜粉、白胡椒粉、米酒、醬油、桔醬、太白粉醃過。

3_ 起煎鍋，放入沙拉油煎步驟2醃好的雞腿塊，先將雞皮朝下煎至上色，再把洋蔥、青蔥、薑片放入一起炒，之後將腿塊翻面，加番茄醬、蠔油、白砂糖、水悶煮至食材入味、湯汁變稠，最後放下紅甜椒、甜豆大火拌炒收汁即可。

Tips_

依各人喜好，可把雞腿換成豬小排骨，
做法不變。如果買不到甜豆，改用四季
豆或豌豆莢也很合適。

Yellow Sugar
黃砂糖（二砂）

醃漬　蜜漬　製餡　甜湯　飲料

甘蔗經壓榨、去雜質、結晶等煉製過程，能獲得色澤金黃的漂亮成品，正是常見的「黃砂糖」，也稱作「二砂」，富濃郁的甘蔗蜜香。

整體而言，常用的固體糖類多是以甘蔗為原料煉製獲得的結晶，因製作方式及精製程度不同，主要可區分「含蜜糖」、「分蜜糖」兩類，如天然的黑糖就屬於含蜜糖類，而黃砂糖則屬於分蜜糖類，再精煉能獲得白砂糖、特砂、細砂等，而冰糖、咖啡冰糖、晶冰糖、方糖等，也同屬分蜜糖類。

黃砂糖

三溫糖

三溫糖色澤與黃砂糖相似，蔗香甜味濃郁，常用在日式料理和甜點。

和三盆糖

日本經典的高級砂糖代表，粉質極細、入口即化，主要用於製作精緻的和果子點心。

有層次的自然風味 與白砂糖相較，黃砂糖嚐起來甜度更高、帶自然蔗香，但甜味純淨度不如白砂糖。有的人會將白砂糖與黃砂糖相互代換使用，有時若料理或飲料、甜湯需要美觀增色，就可使用黃砂糖。

溫和去角質 雖非食用用途，但去角質也是砂糖的妙用之一喔，取適量砂糖加少許橄欖油混合成稠狀，塗在需要去角質的部位輕輕搓揉再洗淨，能達到去角質的效果。

〈 保存要訣 〉

• 黃砂糖的保存要訣與白砂糖相同，包裝開封後應收入密封盒罐內，置於無陽光直射、乾燥陰涼的地方存放。若包裝袋、收納罐裡出現螞蟻，表示已有變質疑慮最好別再使用。

• 除非有營業用需求，不然糖或鹽購買小包裝就好，吃多少用多少，不佔收納空間也不必擔心變質。

挑選技巧

1 正常狀態下，黃砂糖的顆粒大小勻稱鬆散、乾燥無雜質，顏色金黃又帶淺棕色，品嚐或嗅聞的蔗香都比白砂糖濃郁。

2 市售砂糖多為袋裝，購買前請留意製造日期與保存期限，包裝完整無破損，散裝產品若標示不明、保存環境不佳應避免購買。

038

Tips_

依個人喜好可把香菜換成九層塔，
優格也可換成美乃滋，不喜歡辣味
者，墨西哥辣椒水（TABASCO）可
省略。

B

A

Tips_

適合搭配豬肉、雞肉、牛肉，如
要放更久，打成泥後再煮過放
涼，即可多放2天。

A 雞尾酒醬—

沾醬 燒烤 海鮮 魚肉 雞肉 豬肉 牛肉 蔬菜 麵飯 甜品 飲料

材料

大蒜	15g
香菜	10g
番茄醬	150g
優格	60g
梅林辣醬油	20mL
墨西哥辣椒水	10mL
檸檬汁	10mL
黃砂糖	5g

如何保存

可事先做起來，想吃隨時取用。做好的醬室溫下可放置2-3小時，冷藏1-2週。

作法

1_ 大蒜去皮、香菜洗淨，皆切末備用。
2_ 將所有調味料攪拌均勻，再加入大蒜末、香菜末拌勻即可。

B 蜜汁烤肉醬—

沾醬 燒烤 海鮮 魚肉 雞肉 豬肉 牛肉 蔬菜 麵飯 甜品 飲料

材料

洋蔥	60g
醬油	50mL
甜麵醬	50g
紅糟豆腐乳	50g
黃砂糖	10g
麥芽糖	30g
開水	50mL

如何保存

可事先做起來，想吃隨時取用。做好的醬室溫下可放置3-4天，冷藏2-3週。

作法

洋蔥切碎末放入果汁機內，再加入所有調味料，打約30秒成泥即可。

Crystal Sugar

冰糖

滷 燉 紅燒 熬醬 甜湯 飲料 入藥

冰糖

晶冰糖

冰糖以蔗糖為原料，經層層溶解、精煉之手續，形成外觀晶瑩的漂亮結晶，產生了「冰晶糖」的稱號。

市售冰糖以白色最為常見也最常使用，有時亦可看到色澤偏黃的黃冰糖，或顏色偏琥珀色的紅冰糖。由於冰糖屬於性質穩定的單糖，食用後口腔內較不會有發酵的酸感，廣泛被運用於烹飪、甜湯、飲料中，純淨淡雅的甜味，能替食材保留更多風味與口感。

〈 功能應用 〉

(製作甜湯) 冰糖的味覺感受不如砂糖甜,但純度高、味道純粹,很適合用於紅棗銀耳、冰糖蓮子等甜湯,滋味清新淡雅又不影響食材特色。

(增添醬色) 為了替料理、滷味增添誘人可口的醬色（也稱糖色,外觀黑似醬油,能替食材裹上光亮色澤）,會以醬油加冰糖拌炒,使用前炒適量就好。

(中醫入藥) 冰糖味甘性平,中醫會用以入藥,常見如冰糖燉梨就具有潤肺止咳之效,能緩解無痰卻乾咳不止的症狀。

〈 保存要訣 〉

• 包裝開封後應收入密封罐內,置於無陽光直射、乾燥陰涼的地方存放。

• 除非有營業用需求,不然冰糖購買小包裝就好,適量購買並盡早食用完畢。

Check!
挑選技巧

1 冰糖的甜味單純清新,顆粒大小不一、內無明顯雜質,嗅聞起來清甜無異味。

2 市售冰糖袋裝、罐裝皆有,購買前請留意製造日期與保存期限,包裝完整無破損、無不明雜質,散裝產品若標示不明、保存環境不佳應避免購買。

A

B

Tips_

煮醬時火不要太大，很容易燒焦，乾
燥桂花可到中藥行或乾貨店購買。

A 冰糖香滷汁_

沾醬 燒烤 海鮮 魚肉 雞肉 豬肉 牛肉 滷蛋 麵飯 豬腳 豆干

材料

水⋯⋯⋯⋯3L
米酒⋯⋯⋯150mL
青蔥⋯⋯⋯40g
老薑⋯⋯⋯30g
紅辣椒⋯⋯24g
八角⋯⋯⋯3顆
陳皮⋯⋯⋯5g
花椒粒⋯⋯5g
草果⋯⋯⋯4粒
沙拉油⋯⋯15mL
醬油⋯⋯⋯250mL
冰糖⋯⋯⋯80g
鹽⋯⋯⋯⋯5g

放了陳皮、草果、花椒、八角四種香料。

如何保存

可事先做起來，需要隨時取用。做好的滷汁室溫下可放置8小時，冷藏1-2週，冷凍2-3個月。

作法

1_ 青蔥、薑、紅辣椒洗淨，以刀背稍微拍打。草果另外也先拍過。

2_ 起鍋，放入沙拉油炒香青蔥、薑、紅辣椒。

3_ 再放入八角、陳皮、花椒粒、草果、冰糖，炒至有亮度倒下米酒、醬油、水、鹽煮滾後關小火，約煮45分鐘即可。

B 冰糖桂花醬_

抹醬 燒烤 海鮮 魚肉 雞肉 豬肉 牛肉 蔬菜 麵飯 甜品 飲料

材料

乾燥桂花⋯20g
水⋯⋯⋯⋯200mL
鹽⋯⋯⋯⋯5g
冰糖⋯⋯⋯300g

如何保存

可事先做起來，想吃隨時取用。做好的醬室溫下可放置2-3小時，冷藏2-3週。

作法

準備一鍋，先放入水和冰糖、鹽攪拌至完全溶解，之後轉小火煮至變成濃稠糖漿，再放下乾燥桂花拌勻即可關火。

糖類 ｜ 基礎調味品 ｜ 調合調味品 ｜ 常用辛香料 ｜

冰糖香滷豬腳_

材料

豬腳⋯⋯⋯⋯⋯⋯600g
水⋯⋯⋯⋯⋯⋯1.5L
老薑片⋯⋯⋯⋯15g
冰糖香滷汁⋯⋯2.5L

作法

1_ 準備一鍋，放入水、薑片、豬腳，煮滾後把豬腳拿起用水洗乾淨。

2_ 另將冰糖香滷汁燒開，放入燙過的豬腳，煮滾後轉中火滷約80分鐘即可。

Tips_

清洗豬腳時,豬腳毛一定要拔得很乾淨,吃起來過癮,
口感不受干擾。燜的時間越久,豬腳越爛越好吃。

Brown Sugar
〈 黑糖&紅糖 〉

醃漬 蜜漬 糕點 甜湯 飲料 薑茶

黑糖粉

黑糖塊

棕櫚糖

有的人覺得，紅糖與黑糖並不相同，但也有人認為是同一種糖，其實老一輩將這類紅棕色的深色糖都歸在「紅糖」，「黑糖」一詞則來自日本，像日本沖繩就以黑糖聞名，現今廣為將顏色深、香氣重、熬煮時間長的糖稱為黑糖。

傳統製糖程序中，黑糖是第一道成品──甘蔗榨汁後過濾，熬煮時不斷攪拌至水分收乾，再放上冷卻台繼續翻攪即獲得黑糖。因未經精煉與分蜜程序，留下較多蜜糖（雜質與礦物質），故營養價值比白砂糖略高，擁有獨特炭燒香氣、紅棕色澤。

因黑（紅）糖的重量重，甜度卻沒那麼高，如果想以黑（紅）糖代換食譜中的白砂糖，應增加黑（紅）糖用量以達到預期甜度。

粉狀棕櫚糖的外觀和黑糖十分相似，但顆粒更細緻。棕櫚糖是從棕櫚樹採集花汁製成，盛產於東南亞一代，主要分粉狀、塊狀、膏狀三種，香氣獨特。

可口焦香味 鹹味食物加一點糖，可增加味覺層次豐富度，例如漢堡排煎熟起鍋前，撒一小撮黑糖或紅糖，漢堡排表面會變得油亮，嚐起來甜鹹帶焦香。

製作糕點 黑糖與紅糖具特殊的香氣，常用於製作糕餅，能帶來漂亮色澤、濃郁蜜香和甜味，替口感加分。

甜湯好夥伴 不管是剉冰淋一匙黑糖蜜，香氣四溢的豆花甚至是暖身的薑茶，黑糖或紅糖獨特、不死甜的香氣，是搭配甜湯或飲料的好夥伴。

〈 保存要訣 〉

• 黑糖常見袋裝或罐裝，開封後應收入密封罐內，置於無陽光直射、乾燥陰涼的地方存放，不須冷藏，良好的保存環境可避免潮解。

• 視使用頻率適量購買，並盡早食用完畢。

糖類 — 基礎調味品 — 調合調味品 — 常用辛香料 —

Check!
挑選技巧

1 市面上的黑（紅）糖品牌眾多，有標榜手工、有機、來自日本……，請依需求選擇信譽良好的品牌商品。

2 深棕色或紅棕色是黑（紅）糖的天然色澤，但現今時有耳聞商人將黃砂糖混合黑糖蜜再製成黑（紅）糖販售，消費者選購時應留意。天然黑糖多為磚狀或粉末狀，質地比砂糖濕潤，甜味厚實帶炭香。香氣過濃或甜味厚重單調的黑（紅）糖，則有人工合成的疑慮。

Tips_

薑皮所含的營養並不比薑本身遜色，所以煮祛寒薑茶等具藥理功用的料理或飲品時，千萬不要去皮喔。

B

A

Tips_

煮到濃稠的黑糖蜜，如放冰箱冷藏須使用清潔乾燥的湯匙挖取，保持黑糖蜜乾淨才能保存3-6個月。

A 黑糖薑汁醬_

沾醬 燒烤 海鮮 魚肉 雞肉 豬肉 牛肉 蔬菜 麵飯 甜品 飲料

材料

老薑⋯⋯⋯⋯130g

黑糖⋯⋯⋯⋯400g

如何保存

可事先做起來，想吃隨時取用。做好醬室溫下可放置8小時，冷藏1-3個月。

作法

1_ 老薑洗淨切細末，放入鍋裡加黑糖混合均勻。

2_ 放在瓦斯爐上以小火加熱，邊煮邊拌，變為濃稠即可關火。

B 黑糖蜜_

沾醬 燒烤 海鮮 魚肉 雞肉 豬肉 牛肉 蔬菜 麵飯 甜品 飲料

材料

水⋯⋯⋯⋯140mL

黑糖⋯⋯⋯⋯160g

麥芽糖⋯⋯⋯80g

蜂蜜⋯⋯⋯⋯40g

如何保存

可事先做起來，想吃隨時取用。做好的黑糖蜜室溫下可放置8小時，冷藏3-6個月。

作法

準備一鍋，放入水、黑糖、麥芽糖，用慢火煮至溶化，後加入蜂蜜攪拌均勻即可。

Malt Sugar

〈 麥芽膏&水麥芽 〉

滷燒 糕點 製糖 飲料 入藥

麥芽膏

水麥芽

古法製作的麥芽膏，主原料是小麥與糯米，發酵後再熬製成黃棕色、濃稠、有黏性的膏狀，其性質溫和、味道甘甜，甜度雖比一般食用糖低，卻散發自然清新的麥芽甜香。

中醫稱麥芽膏為「飴糖」、「軟飴」，認為真正以麥芽和糯米發酵熬製成的麥芽膏，具滋脾健胃、補氣、止咳潤肺的食療功效，但體質濕熱者應慎食，建議先詢問中醫師以發揮滋補食療的效果。

透明無色的「水飴」、「水麥芽（麥芽水飴）」，是由發芽米或麥芽澱粉製成，也常用其他澱粉含量較高之玉米粉、樹薯粉為原料，特徵是外觀透明如水、呈黏稠膏狀，在日本常用以製作和菓子，許多手工糖也運用水麥芽為基底，賦予甜點光澤、滋味、透亮。

增色增稠 提供甜味，裹覆食材同時增添光澤。麥芽膏或水麥芽都具黏性，可增加飲食的黏稠度，如牛軋糖也添加了水麥芽，使之口感香甜又有Q勁。

中醫入藥 中醫認為，麥芽糖性溫味甘，能補中益氣、健脾胃、生津潤肺，具有食療之功效。但中氣虛、體弱多病、體質濕熱者應慎用。

〈 保存要訣 〉

• 以乾淨且乾燥的餐具挖取麥芽膏，避免沾到水帶菌變質。平時置於室內陰涼處存放即可，切勿放進冰箱，低溫會導致變硬。

• 若冬季低溫導致麥芽膏硬化，可以打開蓋子整罐隔水加溫軟化。保存期限則依外包裝標示為準，開封後盡快使用完畢。

Check!
挑選技巧

1 購買時請挑選有信譽的品牌，並注意原料成分。

2 遵循古法製成的麥芽膏，必須先培育小麥草一週再使用，因前置作業時間長，願意以傳統手法製作的職人越來越少，故現今有不少麥芽膏，是以澱粉加麥仔粉糖化而成。

A

B

Tips_

因為內含麥芽，煮時火不能太大。大紅浙醋可到大型超市或傳統雜貨店買，做好的醬不適合放冷藏、冷凍，因有麥芽成分遇冷容易凝固。

Tips_

這道醬汁不適合放置冷藏、冷凍，因內含麥芽糖成分，遇冷就會凝固變硬，使用前少量製作即可。

A 脆皮燒烤醬—

沾醬 燒烤 海鮮 魚肉 雞肉 豬肉 牛肉 蔬菜 烤鵝 烤雞 烤鴨

材料

水················120mL
白醋················120mL
大紅浙醋······120mL
麥芽糖········80g

如何保存

可事先做起來,想吃隨時取用。做好的醬室溫下可放置8小時。

作法

準備一鍋,放入水、白醋、大紅浙醋、麥芽糖,以中小火煮至麥芽糖溶化即可。

B 蜜汁地瓜醬—

沾醬 燒烤 海鮮 魚肉 雞肉 豬肉 牛肉 芋頭 地瓜 甜品 飲料

材料

水················100mL
麥芽糖········100g
黃砂糖········90g
鹽················5g
檸檬汁········30mL

如何保存

使用前適量製作即可。做好的醬室溫下可放置2-3小時。

作法

起鍋放入水、麥芽糖、黃砂糖、鹽,用小火煮開。再倒入檸檬汁拌均勻即可。

蜜汁烤地瓜

材料

地瓜 450g
蜜汁地瓜醬
250mL

作法

1_ 地瓜削皮,切成粗長條狀,泡水防止氧化變黑。

2_ 準備一鍋放入蜜汁地瓜醬,再把地瓜條放入拌煮10分鐘至均勻。

3_ 把地瓜放在烤盤上,送入烤箱以200℃烤約25分鐘至上色肉熟即可。

脆皮烤雞腿_

材料

雞小棒腿	5支（每支100g）
鹽	5g
白砂糖	10g
五香粉	2g
甘草粉	5g
肉桂粉	2g
三奈粉	5g
脆皮燒烤醬	80mL

作法

1_ 將鹽、糖、五香粉、甘草粉、肉桂粉、三奈粉混合成香料粉。

2_ 棒腿皮先用牙籤穿刺幫助入味，再抹上香料粉送入烤箱，以220℃烤約30分鐘。過程中，烤約15分鐘時將棒腿取出塗抹脆皮燒烤醬，再入烤箱烤至剩最後5分鐘時再拿出來塗一次，入烤箱烤至上色、皮脆、肉熟即可。

糖類 ｜ 一 基礎調味品 ｜ 調合調味品 ｜ 常用辛香料 ｜

Tips_

雞腿可替換成鴨腿或鵝腿，但烤法不同，鴨肉、
鵝肉在烤的中途取出須靜置等到皮風乾後再塗
抹脆皮燒烤醬，這樣鴨皮、鵝皮才會脆。

Honey

蜂蜜

做醬 糕點 飲料 入藥

蜂蜜

顧名思義,蜂蜜的風味和品質因花蜜種類、純度、產地等因素影響售價高低。

處採集花蜜是蜜蜂四貯釀而成,多呈半透明的淡黃色、橘黃色或琥珀色,質地濃稠、有些微黏性,因來源天然、味道溫醇淡雅深受歡迎。有趣的是,蜂蜜的好滋味不僅人們喜歡,就連動物也愛,熊會襲擊蜂巢趁機獲取蜂蜜。

蜂蜜的種類眾多,國內外盛產的蜂蜜種類亦有所差異,台灣以百花蜜(雜花蜜)、龍眼蜜、荔枝蜜、柑橘蜜、咸豐草蜜等較為常見,國外則有槐花蜜、棗花蜜、椴樹蜜等不同種類,蜂蜜、椴樹蜜等不同種類,蜂

果糖

果糖的質地、濃稠度與蜂蜜相似,但顏色、氣味、口感卻大不相同。雖名為果糖,其實「人工果糖」即為「高果糖玉米糖漿(HFCS)」,主原料並非水果,而是玉米澱粉經酵素水解、轉化製成糖漿,因易溶解於液體中,常用在調製飲料和甜湯。

果糖

增添風味 蜂蜜常代替砂糖、果糖替飲料調味，但蜂蜜富營養素，不宜經高溫沖調或熬煮，以免營養素遭到破壞。

潤燥通腸 中醫認為蜂蜜性味甘、平，能補中潤燥，對改善乾咳、腹痛、便祕有幫助。

〈 保存要訣 〉

• 蜂蜜的水分含量少，細菌、酵母菌都無法在其中存活，所以只需放置室溫下的乾燥陰涼處保存即可，不必收入冰箱。

• 嬰幼兒的腸胃功能尚未發育健全，為免蜂蜜內含的肉毒桿菌孢子引發中毒，一歲以下的嬰幼兒絕不可食用蜂蜜。

挑選技巧

1 氣泡不易消散：透明保特瓶中倒入適量蜂蜜和開水（約1：11-12之比例），均勻搖晃至蜂蜜溶解，真蜂蜜水色渾濁、表面氣泡細多且不易消散，假蜂蜜水色透明，表面氣泡大又少且迅速散去。

假蜂蜜氣泡少易消散，真蜂蜜氣泡多且密

2 聞味觀色：真蜂蜜具天然香氣，假蜂蜜則是人工香料調製，味道甜膩單調不自然。其次可觀察透光度，純蜂蜜較不透光，手放在瓶後無法看清五指。另外，真蜂蜜放置一陣子，出現白色結晶沉澱為正常現象。

3 選擇有信譽之品牌：找經驗豐富的蜂農購買，或選擇有信譽的品牌及商家，考量養蜂耗時耗力有一定成本，若價格過於低廉則須小心。

糖類 — 基礎調味品 — 調合調味品 — 常用辛香料 —

Tips_

外國人的聚會宴客菜單裡，常會出現炸魚條、炸
雞柳、炸海鮮的料理，通常是搭佐這道蜂蜜芥末
醬，有時亦會拿來做三明治，塗抹在麵包或餡料
上，具有調味、濕潤、乳化的效果。

A

B

Tips_

甜甜鹹鹹的蜜汁燒烤醬，很適合搭配烤豬肉、雞
肉、牛肉、蔬菜等，蜂蜜不經過煮的程序，在醬汁
放冷後再加入，是因為蜂蜜含有許多維生素、礦
物質，省略加熱步驟可保留多一點營養。

A 蜂蜜芥末醬_

沾醬 抹醬 燒烤 海鮮 炸魚 炸雞 豬肉 牛肉 炸海鮮 麵包

材料

蜂蜜…………15g
黃芥末醬……60g
美乃滋………60g
檸檬汁………15mL

如何保存

可事先做起來，想吃隨時取用。做好的醬可在室溫下放置2-3小時，冷藏3-5天。

作法

準備一鍋，放入美乃滋、蜂蜜、黃芥末醬、檸檬汁攪拌均勻即可。

B 蜂蜜燒烤醬_

沾醬 燒烤 海鮮 魚肉 雞肉 豬肉 牛肉 蔬菜 抹醬

材料

青蔥…………30g
粉薑…………20g
水……………50g
醬油…………160mL
蜂蜜…………80g

如何保存

使用前適量製作即可。做好的醬室溫下可放置6小時，冷藏3-5天。

作法

1_ 將青蔥、薑洗淨拍打過。

2_ 準備一鍋，放入水、醬油、青蔥和薑煮開後放冷，再拌入蜂蜜攪拌均勻即可。

Olive Oil

〈 橄欖油 〉

醃漬 涼拌 燒烤 烘烤 煎炒 所有烹調

潤滑口感與香氣的來源

橄欖油在地中海沿岸已有數千年歷史，是以油橄欖鮮果實榨取而得的油脂，除了烹調的主要用途外，還被當作燈油或拿來潤膚等天然美容保健功效，因此，在西方被譽為「液體黃金」。

橄欖油除了零膽固醇，含單元不飽和脂肪酸及維他命E、F、β胡蘿蔔素，具抗氧化能力，營養不易流失，適合生飲、涼拌、燒烤、煎煮、熱炒及調製沙拉醬，常見於義大利菜、法國菜及沙拉等冷熱料理，尤其用在醃肉上，可提升香氣並軟化肉質。國際橄欖油協會將初榨橄欖油分成三種等級，除了特級初榨橄欖油（Extra Virgin）不適合油炸外，其他多種烹調方式都適用。

〈 **功能應用** 〉

調味食物 以初榨橄欖油為基底，添加香草製成迷迭香橄欖油等香料油，可用在醃漬或炒菜，省去添加新鮮香草的步驟；還能加果汁製成檸檬橄欖油，或是加紅酒醋等製成各種口味的油醋，調味水果或生菜沙拉，清爽無負擔。

保養護膚 橄欖油能保護並滋潤皮膚，因此常用來製造化妝護膚品、身體乳液、洗髮精和手工皂。還能將食用橄欖油作為基底油，滴入少許精油後當按摩油全身使用。

〈 **保存要訣** 〉

• 常溫下保存期限以外包裝標示為準，開封後須緊鎖瓶蓋與空氣隔絕，放在乾爽陰涼處，避免日光照射。

等級	特級初榨橄欖油	初榨橄欖油	普通初榨橄欖油
英文名	Extra Virgin Olive Oil	Virgin Olive Oil	Ordinary Virgin olive oil
發煙點	約190℃	約190-200℃	
酸價	小於0.8%	介於0.8-2%之間	介於2-3.3%之間
說明	冷壓初榨為第一等橄欖油，完全無添加或化學處理，味道芳香，營養素保留最多。	第二次低溫榨取，含有較多游離脂肪酸，香氣稍嫌不足，但仍留下淡淡的芳香果味。	酸價介於2-3.3%之間，品質稍差的橄欖油。若酸價超過3.3%，即會被歐盟歸入不可食用等級。
用途	生飲、沙拉、冷盤、清炒	沙拉、冷盤、醃漬、清炒、烘焙	

★發煙點為油品加熱達冒煙程度的溫度。

Check!
挑選技巧

1 市售橄欖油幾乎全為進口，代理商必須明確標示等級才得以申請進口，購買時先確認是100%純橄欖油、並非調和油後，再依個人烹調需求、價位考量選擇適合的等級。

2 橄欖油講究新鮮，油色呈墨綠色或金黃色，保存期限約1年，最好選擇玻璃小瓶裝，以避免存放過久導致氧化變質。

橄欖油大蒜醬_

材料

蒜頭⋯⋯⋯⋯100g

新鮮荷蘭芹⋯⋯⋯⋯3g

橄欖油⋯⋯⋯⋯120mL

鹽⋯⋯⋯⋯3g

Tips_

這道醬的蒜味十分濃郁，很適合蒜味的重度愛好者。夏天天氣熱，做好的醬請記得收進冰箱存放，不然很容易變質。

沾醬 燒烤 海鮮 魚肉 雞肉 豬肉 牛肉 麵包 飯麵

如何保存

可事先做起來，想吃隨時取用。做好的醬室溫下可放置2-3小時，冷藏2-3天。

作法

1_ 蒜頭去皮，跟荷蘭芹一起切成碎。

2_ 再把橄欖油、鹽、蒜頭碎、荷蘭芹碎混合攪拌均勻，放置約1天待入味即可食用。

油漬蔬菜_

材料

紅甜椒	60g
黃甜椒	60g
小紅番茄	80g
橄欖油	300mL
湖鹽	8g
白砂糖	2g
研磨黑胡椒	3g

作法

1_ 紅、黃甜椒洗淨去籽切成三角形狀，小紅番茄洗淨對切。

2_ 將切好的甜椒、番茄擺於烤盤上，撒上湖鹽、砂糖、研磨黑胡椒，以100℃烤1.5小時取出。

3_ 將烤好的甜椒、小番茄放入橄欖油裡浸漬即可。

Tips_

可以加百里香、奧勒岡、羅勒等香料一起油漬，味道會更香。這裡選用湖鹽調味，更能襯托出蔬菜本身的鮮甜。

Camellia Oil

〈 苦茶油 〉

涼拌　熱炒　煎炸　烘烤　所有烹調

苦茶油是取新鮮苦茶籽，以低溫冷壓榨取的食用油，外用內服都有很好的功效。苦茶油未經高溫處理的冷壓初榨特性，可直接拌飯拌麵，製作生菜沙拉或涼拌菜，例如茶油拌麵。

其耐高溫、穩定性高，發煙點約220℃以上不易起油煙，就算高溫油炸也不會變質，所以熱炒、煎炸、烘烤等烹調方式都很適合。尤其食材入烤箱前薄抹一層，可保持口感酥脆滑潤、不易燒焦。

〈 功能應用 〉

(坐月子好油品) 苦茶油有獨特的香氣，含單元不飽和脂肪酸、茶多酚、維生素E 及多種微量元素，是高營養價值健康油品，產婦坐月子時可先用苦茶油燉補調養，清香調味讓料理清淡不油膩，不上火的特性不會影響傷口復原。

(舒緩胃疾) 苦茶油是顧胃好食物，中醫認為日日生飲一小匙初榨純茶油，可達到保健腸道的效果，受胃疾困擾者，可諮詢中醫師的建議再實行。

〈 保存要訣 〉

• 常溫下保存期限以包裝上的標示為準，開封後需緊鎖瓶蓋，置於陰涼乾燥處，如廚房櫥櫃內保存（不超過25℃），避免陽光直射。

• 平時存放或使用時，不要距離爐火太近，以免高溫質變。夏季氣溫高，如廚房太過濕熱，再考慮收進冰箱冷藏保存，遇低溫會有白色結晶狀，為正常現象不影響使用。

Check!
挑選技巧

1 市售苦茶油多以透明玻璃瓶包裝，色澤金黃、油脂透明度高，聞來芳香無油耗味者優。

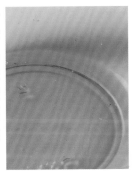

2 挑選第一道低溫壓榨的苦茶油，富大量不飽和脂肪酸及較多天然營養成分，也較無化學溶劑殘留的疑慮。

3 如可倒出試用，建議滴在手上塗抹均勻，若能完全吸收不黏手，表示質純，反之可能摻有其他油品。

油類 ─ 基礎調味品 ─ 調合調味品 ─ 常用辛香料 ─

苦茶油辣子醬_

材料

朝天椒	100g
黑豆豉	50g
青蔥	50g
蘿蔔乾	50g
苦茶油	200mL
海鹽	5g
冰糖	10g

Tips_

如果將做好的苦茶油辣子醬收入冰箱，從冷藏拿出來使用前需先加熱，重新把苦茶油的香味引出來。

沾醬 燒烤 海鮮 魚肉 雞肉 豬肉 牛肉 麵包 麵飯

如何保存

使用前適量製作即可。做好的醬室溫下可放2-3小時，冷藏2-3天。

作法

1_ 朝天椒洗淨去蒂頭切碎，青蔥切成蔥花、蘿蔔乾切成丁。

2_ 取一鍋倒下苦茶油後，加朝天椒碎以中火炒出香氣，再放蘿蔔乾、黑豆豉拌炒。

3_ 最後加入海鹽、冰糖調味，並放入蔥花炒出香味即可。

苦茶油辣子醬拌麵_

材料

雞蛋麵⋯⋯⋯⋯⋯150g
苦茶油辣子醬⋯⋯適量

作法

1_ 取一鍋放入適量的水，煮滾後把雞蛋麵燙熟，濾
乾水分盛入碗中。

2. 再放上適量的苦茶油辣子醬，拌勻即可食用。

Tips_

苦茶油辣子醬的香氣誘人，除了苦茶油散發自然清
香；豆豉、蘿蔔乾、青蔥、辣椒加熱拌炒後味道緊
密融合，獨特香氣加上鮮豔配色讓人食指大動，是
一道色香味俱全的美味醬料。雞蛋麵可替換成麵
線、義大利麵，也可和熱米飯拌勻，香辣的風味不
變，簡單的料理就能替味覺帶來豐盛的享受。

Sesame Oil

麻油

涼拌 熱炒 燉煮

胡麻油

麻油分「黑麻油」、「白麻油」、「香油」三種，都以芝麻榨油製成，因製程和原料不同，使顏色和香味有明顯差異，料理上因發煙點低、不耐熱，不適合油炸。

• 黑麻油：又名「胡麻油」，以黑芝麻為原料，經重火焙炒約七八分熟後熱壓榨油，深褐色澤、香味醇厚，屬性溫熱，適合以中小火煎炒燉煮如麻油雞、麻油腰花等食補料理。

常用於婦女坐月子期間、天冷時燉補。

坊間也有強調冷壓初榨而成

• 白麻油：以白芝麻為原料，將白芝麻略炒乾水氣（一至兩分熟）即榨取油脂，顏色較淡、氣味清香，用常用於涼拌，如拌麵、拌青菜等，為料理滋潤添香。

• 香油：以麻油與大豆油（或其他油）調和而成，淡褐色澤、味道清香，因麻油成份含量少，價格也稍低，常在烹煮完成前淋在菜餚或湯品上，幾滴就有畫龍點睛的提鮮增香效果。

香油

- 純麻油常溫下可保存約 2年,若混合其他油品約1 年,請以包裝上標示的保存 方式和期限為準。

- 開封後需緊鎖瓶蓋, 置於陰涼乾燥處,避免 存放冰箱。

挑選 技巧

1 挑選標示成份為100%的純 麻油,將玻璃油瓶對著光 源,看看是否清澈透光。

2 麻油香氣濃,但需注意黑麻油 絕不是越黑越好,以嗅聞沒有 油臭味者為佳。

韓國麻油真的比較香嗎?

韓式料理、小菜常會淋芝麻油,幾滴就能讓整盤菜 餚香噴噴,因此有「韓國麻油比較香」一說,許多 人出國還會專程買一罐回家,希望複製出一樣的美 味。韓國麻油的香氣之所以迷人,因為是採用100% 白芝麻油,而非調合過的香油,所以香氣十分濃郁, 道地的韓式烤肉吃法,還會直接將麻油與鹽調和當 沾醬唷。

油類 ── 基礎調味品 ── 調合調味品 ── 常用辛香料 ──

Tips_
香油蜂蜜醬可用於醃豬肉、雞
肉、牛肉,約醃漬20分鐘待入
味後即可烘烤。

A

B

Tips_
老薑長得較大、皮較粗,屬性溫
熱袪除風寒的能力佳,有助暖
和身體,冬天常用這道醬汁拌
飯拌麵,會變得比較不怕冷。

A 香油蜂蜜醬

使用香油

沾醬 烤肉 醃漬 魚肉 雞肉 豬肉 牛肉 蔬菜 飯麵 雞蛋

材料

熟白芝麻……5g
香油…………150mL
醬油…………50mL
蜂蜜…………30mL
檸檬汁………15mL

如何保存

使用前適量製作即可。做好的醬室溫下可放置6小時，冷藏2-3天。

作法

1_ 準備一鍋，先放入醬油、蜂蜜、檸檬汁拌勻。
2_ 再慢慢加入香油攪拌，最後放熟白芝麻拌勻即可。

B 麻油薑泥醬

使用黑麻油

沾醬 燒烤 海鮮 魚肉 雞肉 豬肉 牛肉 蔬菜 飯麵 雞蛋

材料

老薑…………350g
黑麻油………250mL
鹽……………10g
白砂糖………5g

如何保存

可事先做起來，想吃隨時取用。做好的醬室溫下可放置6小時，冷藏3-4天。

作法

1_ 老薑洗淨磨成泥。
2_ 起鍋放入老薑泥和黑麻油，用小火慢慢拌炒出辛辣味。
3_ 再加入鹽、糖調味，攪拌至完全溶解即可。

油類 ── 基礎調味品 ── 調合調味品 ── 常用辛香料 ──

Edible Oil
常用料理油

涼拌　熱炒　燉煮　油炸　所有烹調

一個廚房裡，絕對不能只有一瓶油，常用料理油如芥花油、花生油、葡萄籽油、沙拉油，各有不同的優點和發煙點，當然也適用於不一樣的烹調方法。

沙拉油		純大豆油發煙點約160-180℃ 精製大豆沙拉油發煙點約245℃	純大豆油不宜高溫油炸，適合低溫煎、水炒、涼拌及調製沙拉醬。
花生油		發煙點約162℃（未精煉）	高溫油炸時會產生起泡現象，較適合煎炒。
葡萄籽油		發煙點約216℃	適用涼拌、炒、煎、炸及烘焙等。
芥花油		發煙點約242℃	油脂較安定，可小量油炸，也適合涼拌、煎、炒、煮。

沙拉油 也稱大豆油,以黃豆為主要原料,顏色為黃色或深黃色,含蛋白質與油脂的優質食用油。純大豆油因發煙點較低易生油煙,不宜高溫油炸;後續精製並添加抗氧化劑的營業用大豆沙拉油,儼然成為台灣最普遍的食用油。

花生油 純天然花生萃取而成,有特殊香味,色澤呈漂亮的金黃色,油質較穩定。民間又將花生油稱為「火油」,意即吃多了會上火,火氣大者不宜多食。

葡萄籽油 以葡萄籽為主要原料,呈淡黃或淡綠色澤,油脂僅占整顆葡萄籽中極少比例,豐富花青素、不飽和脂肪酸及零膽固醇,是相當優質的食用油。

芥花油 以芥菜籽精煉而成,又稱芥菜籽油,其飽和脂肪酸含量在植物油中最低,並含豐富的單元不飽和脂肪酸及維他命F,不含膽固醇及防腐劑。

〈 保存要訣 〉

• 油品只要開封後就要將蓋封好,放在陰涼處貯藏並盡快使用完畢,沙拉油及花生油保存不易,存放最好不超過2個月。

1 購買時盡量以100％純度油品為第一優先選擇。

2 請注意製造日期及保存年限,以清澈不混濁,無沉澱物、無油耗味者為佳。

3 油品易氧化,視用量購買適當大小的瓶裝,勿貪便宜購買大桶裝,長期保存不易恐變質。

Tips_
酸子就是羅望子,是一種果實,
果肉味酸很開胃,除了製作料
理,南洋地區也常用它做飲料、
做醬。選用花生油是想取它的
香氣,但如果手邊沒有,亦可用
蔬菜油、玉米油、葵花油替代。

A

B

Tips_
紅蔥頭炸至金黃酥脆時即撈
起,以免繼續受熱變黑變苦,待
冷卻再把油蔥酥跟蔥油泡在一
起,隔絕空氣跟水能保持酥脆
度。如果沒有那麼多時間,也可
直接購買現成的油蔥酥取代,但
自己炸的油蔥酥比較新鮮、乾
淨、衛生,味道也更棒。

A 花生酸子醬

使用花生油

沙拉 海鮮 醃漬 魚肉 雞肉 豬肉 牛肉 蔬菜 飯麵 雞蛋

材料

粉薑⋯⋯⋯20g

紅辣椒⋯⋯35g

羅望子⋯⋯60g

溫水⋯⋯⋯200mL

花生油⋯⋯100mL

魚露⋯⋯⋯20mL

醬油⋯⋯⋯15mL

黑糖⋯⋯⋯10g

如何保存

可事先做起來，想吃隨時取用。做好的醬室溫下可放置6小時，冷藏2-3週。

作法

1_ 把薑和紅辣椒洗淨，薑切碎，紅辣椒對剖去籽再切碎。

2_ 羅望子和溫水混合，可用手抓拌再把汁過濾留下備用。

3_ 起鍋，放入花生油用慢火炒香薑碎、紅辣椒碎，再把羅望子汁加入，攪拌均勻待煮開後再放黑糖、魚露、醬油，用慢火煮至濃稠即可。

B 油蔥酥醬

使用沙拉油

沾醬 燒烤 海鮮 魚肉 雞肉 豬肉 牛肉 蔬菜 飯麵 煮湯

材料

紅蔥頭⋯⋯⋯200g

沙拉油⋯⋯⋯150mL

如何保存

可事先做起來，想吃隨時取用。做好的醬室溫下可放置2-3週，冷藏2-3個月。

作法

1_ 紅蔥頭剝去皮膜、洗淨擦乾，橫切成厚薄大小一致的圓片。

2_ 準備一鍋，放入沙拉油、紅蔥頭片，以慢火緩緩的拌炒。

3_ 待紅蔥頭片全部呈金黃色即可撈起，等油冷再泡在一起即可。

紅蔥片　　　油蔥酥

脆皮天貝佐花生酸子醬_

材料

天貝‧‧‧‧‧‧‧‧‧‧‧‧‧‧200g
花生油‧‧‧‧‧‧‧‧‧‧‧‧200mL
花生酸子醬‧‧‧‧‧‧‧80mL

作法

1_ 天貝切成四方小塊狀
   備用。

2_ 起鍋放入花生油以慢
   火加熱，再放下天貝
   炸至金黃色撈起，以
   專用吸油紙或廚房紙
   巾吸去多餘油分，一
   旁附適量花生酸子醬
   當沾料即可。

Tips_

天貝是印尼傳統的發酵食品，以整粒
黃豆和酵母菌去發酵，形成大塊狀的
豆餅，口感紮實溫潤，味道蠻像滷豆
乾，非常特別。一般店家較少販售天
貝，可去印尼商店購買或上網訂購。

Tips_
荷蘭芹即為巴西里，也叫西洋香菜，除了能替
料理添香，細緻可愛的葉片也常拿來當作盤
飾。新鮮的荷蘭芹可到花市或大型超市購買，
而乾燥的在超市就可買到。

芥花油醋香草醬 _

使用芥花油

材料

新鮮荷蘭芹⋯⋯⋯3g

檸檬皮⋯⋯⋯⋯⋯2g

芥花油⋯⋯⋯⋯⋯120mL

紅酒醋⋯⋯⋯⋯⋯40mL

鹽⋯⋯⋯⋯⋯⋯⋯2g

白胡椒粉⋯⋯⋯⋯2g

作法

1_ 新鮮荷蘭芹洗淨，取葉擦乾切成碎備用。

2_ 準備醬汁碗，放入鹽、白胡椒粉、紅酒醋拌勻。

3_ 再慢慢加入芥花油，最後放荷蘭芹碎和檸檬皮，
　　浸泡20分鐘即可。

油類 ― 基礎調味品 ― 調合調味品 ― 常用辛香料 ―

Butter
奶油

煎炒　烘焙　抹醬

自牛奶或羊奶中提煉出來的固態油脂，呈柔和、漂亮的黃色，富濃郁的奶香味，發煙點約180℃左右，大多分無鹽與有鹽兩種。

• 有鹽奶油：西餐料理大多使用含鹽奶油，可直接切適量大小放入鍋中，與食材一同炒香；或室溫軟化後和食材一起煮成義大利白醬、奶油濃湯等。

• 無鹽奶油：烘焙採用無鹽奶油居多，可使麵包蛋糕組織柔軟濕潤富香氣，蛋奶素食者可食用。

• 液態鮮奶油：分為植物性與動物性液態鮮奶油，植物性通常含糖，且為人造奶油。液態鮮奶油亦常用運用

於料理，焗烤、奶油白醬、濃湯裡，能營造出濃郁滑順的香氣跟口感，而液態鮮奶油經打發，就會變成平時蛋糕上頭綿密柔滑的鮮奶油（Whipped Cream）。

• 瑪琪琳：也稱麥淇淋、馬芝蓮（Margarine音譯），是經氫化處理的人造植物油，含反式脂肪，人體較難代謝。

- 固態奶油請留意保存期限,購買回家後一定要收在冰箱冷藏,約可保存2週,冷凍則可數月。注意一定不要放在冰箱門邊,以免時常開關溫度變化大,造成質變。

- 鮮奶油要一定收要在冰箱冷藏,千萬不可冷凍,一旦結凍再退冰,組織會被破壞,風味口感盡失。

Check!
挑選技巧

1 奶油會因產地、製程而顯現不同風味,市面上以紐澳、法國進口的產品居多,挑選時先認明值得信賴的知名廠牌。

2 依包裝標示挑選非人造、無添加(無抗氧化劑、無安定劑、無乳化劑)的天然奶油。

油類 ｜ 基礎調味品 ｜ 調合調味品 ｜ 常用辛香料 ｜

Tips_

澄清奶油（clarified butter），就是普通奶油去除蛋白質、水分、乳糖、鹽分和其他非乳脂固形物後，所留下的純油脂，顏色金黃澄澈、發煙點較高，一般在大型超市或印度商店可購買到，也有人會在家自製，常用來煎炸製作料理。

B

A

Tips_

這道搭配生菜沙拉的醬汁，蔬食、素食可用，但因為成分含豆腐易變質腐敗，所以不適合置放在室溫下，因盡快食用完畢。

沾醬 烤肉 醃漬 魚肉 雞肉 豬肉 牛肉 蔬菜 飯麵 雞蛋

材料

紅蔥頭…………20g

黑胡椒碎……3g

水………………60mL

生蛋黃…………2粒

澄清奶油………180mL

白酒……………50mL

白酒醋…………30mL

檸檬汁…………10mL

鹽………………適量

如何保存

使用前適量製作即可。做好的醬可在室溫下放置2-3小時。

作法

1_ 紅蔥頭洗淨去皮切碎，放入鍋內加黑胡椒碎、白酒、白酒醋、水加熱等味道釋出，過濾備用。

2_ 準備鋼盆把蛋黃、過濾好的醋汁放入隔水加熱，將蛋黃打至發泡呈綿密狀，再慢慢加入澄清奶油打至稠狀。

3_ 最後加入鹽、檸檬汁調味即可。

B 豆腐榛果葡萄籽醬_ 使用葡萄籽油

沙拉 燒烤 海鮮 炸魚 雞肉 豬肉 牛肉 蔬菜 飯麵 雞蛋

材料

板豆腐…………120g

榛果……………30g

葡萄籽油………120mL

白酒醋…………40mL

檸檬汁…………10mL

果糖……………10mL

鹽………………2g

白胡椒粉………2g

如何保存

使用前適量製作即可。做好的醬須冷藏，在1-2小時內食用完畢。

作法

1_ 準備果汁機，先把板豆腐放入，再倒下榛果、白酒醋、檸檬汁、果糖、鹽、白胡椒粉攪打均勻。

2_ 之後再放入葡萄籽油繼續打勻即可。

什蔬佐豆腐榛果葡萄籽醬_

材料

什錦生菜⋯⋯⋯⋯⋯30g

小黃瓜⋯⋯⋯⋯⋯10g

小番茄⋯⋯⋯⋯⋯10g

小豆苗⋯⋯⋯⋯⋯5g

榛果⋯⋯⋯⋯⋯5g

葡萄乾⋯⋯⋯⋯⋯5g

豆腐榛果葡萄籽醬⋯⋯⋯60g

作法

1_ 什錦生菜、小黃瓜、小番茄、小豆苗洗淨備用。

2_ 什錦生菜撕成一口大小，小黃瓜切片、小番茄對切。

3_ 接下來可以準備盛盤了，將什錦生菜、小黃瓜片、小番茄、小豆苗排盤，再放上葡萄乾、榛果，一旁附點豆腐榛果葡萄籽醬當沾醬。

Tips_

這道醬汁十分營養，但因為質地很濃稠，不適合淋在沙拉上，可用小碟盛裝或直接附在旁邊沾取食用。

油類 ── ｜ 基礎調味品 ── ｜ 調合調味品 ── ｜ 常用辛香料 ── ｜

〈 讓燙青菜不再單調的醬料魔法 〉

忙了一天好疲累,回到家懶得煮,只想簡單吃,迅速燙盤青菜、拌碗麵,輕鬆解決一餐。只是,單純的燙青菜實在有些單調,只淋醬油又少了點趣味,翻翻櫥櫃、打開冰箱,盤算一下手邊還有哪些調味料,切一切、拌一拌,利用醬料把燙青菜變得很有滋味!

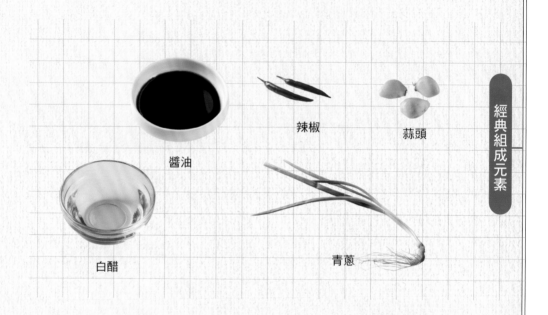

辣椒

蒜頭

醬油

白醋

青蔥

經典組成元素

黑胡椒蒜味醬

【材料】
蒜碎　15g
橄欖油　80mL
黑胡椒碎　3g

【作法】
把上述材料全部混合均勻即可。

美味多元組合

【材料】
紅辣椒（切圈片） 12g
醬油 60mL

【作法】
把上述材料全部混合
均勻即可。

辣椒醬油醬

油蔥香酥醬

鵝油蔥香醬

【材料】
油蔥酥 15g
醬油 60mL

【作法】
把上述材料全部
混合均勻即可。

【材料】
青蔥 15g
鵝油 60mL
鹽 2g

【作法】
1_ 青蔥洗淨擦乾，切成
蔥花，和鹽一起放入
鍋內。
2_ 鵝油加熱，倒進青蔥
花裡拌均勻即可。

芝麻香醋醬

【材料】
芝麻醬 15g
醬油 50mL
白醋 15mL

【作法】
把上述材料全部混合均勻即可。

Rice Wine
米酒

醃漬 去腥 燉煮 熱炒

時間醞釀的醇厚口感，讓料理風味更有層次

米酒是台灣廚房必備的基礎調味品，以稻米為主要原料，經「糖化→蒸熟→加酒麴發酵→蒸餾」的程序後取得，帶有淡淡米香及甜味。

藉由酒精的揮發，能引出食材風味並去除腥味，所以被中華料理廣泛使用，尤其肉類海鮮更不可少。

米酒除了去腥提味的主要用途，進入超市的貨架上，

我們還可以看到陳列著「米酒頭」、「料理米酒」、「米酒」，它們不單只有酒精濃度高低的差異，更在用途上有不同的區分，以下將在功能應用中有進一步詳細的介紹。

（米酒頭）酒精濃度34%。以稻米為原料，不含食用酒精，取釀造的酒頭精華，常用來做為浸泡中藥補酒的基底，亦可用於料理調味用途。

（料理米酒）酒精濃度19.5%。以稻米為原料，依古法釀造後調合食用酒精而成，是家庭主婦料理時的最愛，可替魚肉海鮮去腥，甚至少許用在葉菜類中可引味保色，維持漂亮的翠綠色；也是煮薑母鴨、燒酒雞時最常用的調味佐料。

（純米酒）酒精濃度22%。以蓬萊米為原料，主要用於烹調辦桌大菜中，也是家中祭拜神明祖先的常用酒品。

〈 **保存要訣** 〉

• 基本上酒類沒有保存期限的問題，只要開瓶後注意上蓋密封，且不要沾到生水，置放在陰涼、太陽無法直曬的地方即可。

• 若瓶蓋壞掉無法再密封，可用市售的酒瓶塞塞住，或用乾淨塑膠袋、保鮮膜覆蓋瓶口，再以橡皮圈束緊阻絕空氣進入。

1+2 購買市售專用酒瓶塞，以此將酒瓶密封塞緊。
3 塑膠袋加橡皮筋，束緊阻絕空氣。

Check!
挑選技巧

1 請選擇有信譽的廠商品牌，酒類以玻璃瓶盛裝為最佳。

2 好的米酒不會有雜味，且應散發米飯清香。不建議購買便宜私釀米酒，味道、品質都沒有保障。

Tips_

三杯醬是中式的經典醬,更是非常好用的
萬用醬,可烹調雞肉、海鮮、菇類、蔬菜等
各式食材,通常製作料理時,起鍋前會放
點九層塔稍微拌炒一下,嗜辣者也可加點
辣椒,重口味香氣十足。

A

B

Tips_

蒲燒醬常用於燒烤魚類,其實也可使
用在肉類,或是少許淋在飯或麵上,
鹹鹹甜甜的味道很下飯。

A 三杯醬_

沾醬 燒烤 醃漬 海鮮 雞肉 豬肉 牛肉 蔬菜 飯麵 菇類 雞蛋

材料

老薑⋯⋯⋯⋯20g
蒜頭⋯⋯⋯⋯15g
水⋯⋯⋯⋯⋯50mL
醬油⋯⋯⋯⋯150mL
米酒⋯⋯⋯⋯150mL
麻油⋯⋯⋯⋯75mL
白砂糖⋯⋯⋯75g

如何保存

可事先做起來，想吃隨時取
用。做好的醬室溫下可放置
3-4天，冷藏1-2週。

1_ 薑洗淨、蒜頭洗淨去皮，薑切片、蒜頭整粒不切
備用。

2_ 起鍋放入麻油爆香薑片、蒜頭，再加入米酒、醬
油、砂糖、水，煮約5分鐘即可。

B 蒲燒醬_

沾醬 燒烤 海鮮 魚肉 雞肉 豬肉 牛肉 蔬菜 飯麵 雞蛋

材料

水麥芽⋯⋯⋯60g
醬油⋯⋯⋯⋯180mL
米酒⋯⋯⋯⋯180mL
味醂⋯⋯⋯⋯120mL
白砂糖⋯⋯⋯60g

如何保存

可事先做起來，想吃隨時取
用。做好的醬室溫下可放置
3-4天，冷藏2-3週，冷凍2-3
個月。

作法

1_ 將米酒先放入鍋中，煮至酒精蒸發，再放入醬
油、味醂、白砂糖、水麥芽，煮開後轉小火慢
煮。

2_ 煮約30分鐘，煮到醬汁變濃稠即可。

Shaoxing Rice Wine

〈 紹興酒 〉

醃漬　去腥　燉滷

紹興酒以糯米為主要原料，因源自中國浙江省紹興市而得其名，在紹興以外的地區釀造的全部統稱為黃酒，種類很多，常見如花雕、老酒、女兒紅和狀元紅皆是，特色是越陳越香，陳年老酒的價格也隨保存時間越長而價更高。台灣埔里出產的紹興酒，酒精濃度為14%，主要用途在料理。

而老一輩喜歡泡製中藥處方的養生藥酒，也常以此作為酒基配製，具活血行氣效果，對手腳冰冷、體虛怕冷者有幫助，有些養生調理藥膳的愛好者，也會在冬日多食紹興酒料理驅寒暖身。

醃漬去腥 酒香十足的紹興，能去除雞豬海鮮等肉品的腥味，更能讓料理香氣提升，豐富嗅覺與味覺的層次感，常用於料理花雕雞、紹興醉雞、醉蝦。

上色增香 紹興特有的酒色，是能輔助食材上色和烹炒菜餚的調味料，尤其在燉滷上最能展現風味，經久煮酒精成分蒸發，留下迷人的酒香，如：紹興滷肉、醉蛋。

〈 保存要訣 〉

• 紹興酒的包裝或瓶身上，會標明保存期限3年，只要在開瓶後，注意密封上蓋且不要沾到生水，置放在陰涼、太陽無法直曬的地方即可。

• 無論是哪種酒類，保存的環境、溫度、濕度、密封度等，都是變質與否的關鍵，紹興酒在未開封且低溫、溫差小的環境裡儲存，能多擺放個10~20年。古時生了女兒會把紹興酒埋在土裡，待女兒長大出嫁時取出分享，就成了美好的「女兒紅」。

挑選技巧

1 在超市或正規酒廠，購買包裝完整且處於保存期限內的酒，再依個人需求選擇普通紹興或陳年紹興即可。

2 私釀酒品在台灣僅限自用不能販售，不僅品質不一還需擔心釀造過程的衛生問題，因此不建議購買。

紹興醉雞_

材料

去骨雞腿……2隻
當歸……1片
枸杞……15g
黃耆……5片
紹興酒……600mL
鹽……適量
鋁箔紙……2張

作法

1_ 去骨雞腿洗淨擦乾，皮面朝下放，以刀背敲打斷筋，使肉的厚薄更均勻。

2_ 在肉面抹少許鹽和紹興酒，用鋁箔紙捲起，捲好後兩邊開口摺好收攏，放入電鍋蒸（外鍋兩杯水），電鍋跳起後，把雞腿拿出來浸泡冰水裡冰鎮，待完全冷卻再放入冰箱冰（鋁箔紙不拆）。

3_ 將紹興酒倒入鍋中，放當歸、黃耆、枸杞煮開後放冷，再把雞腿包覆的鋁箔紙拿掉，將雞腿浸泡在放冷的紹興酒液裡2天即可食用。

經典酒香，高粱也可入菜

除了紹興酒外，高粱酒也是經典的中式酒類，它的酒精濃度高，因為如水般清澈澄明、芳香甘醇，讓喜好烈酒者趨之若鶩。有的人覺得高粱酒的風味特色強，認為只適合單純拿來飲用，並不用於做料理，其實下次可以試試用高粱製作高粱醉蝦、高粱鹹豬肉、酒香糖心蛋等，味道都很不錯，但因高粱的酒精濃度高，用量可以減半，或者料理時多蒸煮一下，幫助酒精揮發。

Tips_

蒸雞肉卷的時間長短要多留意和控制，雞肉不熟容
易有細菌殘留，過熟則會讓肉質老而硬。

Sake

清酒

醃漬 蒸煮 製醬 調酒

講到日本酒，最傳統、最具代表性的酒類，自然非清酒莫屬。

清酒以精製無雜質的白米及好水為原料釀造而成，酒精濃度約 15 — 20%，雖然屬於「米酒」，但和台灣米酒在風味與酒精濃度上大不相同。在日本，釀造清酒時用的水質也十分受到重視，認為水質是左右清酒口感的關鍵，因此有「硬水釀的清酒較烈，軟水釀的口感較甘」的說法。不只拿來飲用，很多日本料理也會以清酒調味，有日本「廚酒」的美名，是既可飲用又可入菜的清香雅酒。

許多人常拿日本酒中的清酒與燒酎相較，其實清酒與燒酎相較，其實清酒屬於釀造酒，而燒酎屬於蒸餾酒，燒酎的酒精濃度約 25%，比清酒還要高。

去腥增香 純厚酒香和海鮮最搭配,酒的辛辣在熟成時轉換成米的香甜,既消除食材腥臭味,又能引出海味的鮮甜,清酒蒸蛤蜊就是一例。

調製醬料 日本料理的清爽滋味,常是混用一點清酒與日式醬油等調合成的調味醬,應用在肉類或豆腐料理中,如香煎豆腐。

調雞尾酒 清酒冰、溫、熱都能飲用,在炎炎夏日以冰塊、檸檬、蘇打(或汽水)及薄荷等混搭而成碳酸口味清酒,是很好的消暑飲料。

〈 **保存要訣** 〉

• 清酒屬釀造酒,以瓶身標示的製造日期與保存期限為準,開封前只要保存溫度不會過高控制得宜,基本上無保存期限問題。

• 開封後若未立即使用完,請將瓶蓋密封好,存放在冰箱冷藏,大約可放一年左右。

酒類 ── 基礎調味品 ── 調合調味品 ── 常用辛香料 ──

Check!
挑選技巧

1 依釀造等級,從高到低可分成純米大吟釀、大吟釀、純米吟釀、吟釀、特別純米酒、純米酒、特別本釀造、本釀造這八種,風味上各有特色,級數高低並非和好喝程度完全畫上等號,可依個人需求及喜好選擇。

2 料理用清酒,在超市或便利店皆可購買,多以玻璃瓶盛裝,酒色清澈無雜質,聞來酒香豐厚濃郁而不刺激即可。

清酒蒸蛤蠣_

材料

文蛤…………300g

嫩薑…………5g

青蔥…………5g

奶油…………5g

橄欖油………5mL

清酒…………120mL

作法

1_ 文蛤、嫩薑、青蔥洗淨，嫩薑切碎、青蔥切成蔥
花，備用。

2_ 起鍋放入橄欖油、嫩薑碎炒香，再放入文蛤並淋
上清酒，加蓋悶煮2分鐘至文蛤打開，最後用奶油
和蔥花拌勻即可。

Tips_

蒸蛤蠣的時間不能太久,否則肉很容易過熟。手邊如
沒清酒可換米酒,料理出來的蛤蠣一樣清爽鮮美,清
酒可到大型超市或酒類專賣店購買。

酒類 ─ ｜ ─ 基礎調味品 ─ ｜ ─ 調合調味品 ─ ｜ ─ 常用辛香料 ─ ｜ ─

Mirin

味醂

醃漬 涼拌 燉煮 照燒

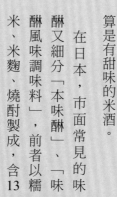

味醂又稱米醂、料酒、日式甜煮酒，是由甜糯米加上酒麴釀製而成，在日本是廚房必備的基礎調味料，不過在台灣的使用沒有這麼盛行，或許許多人都不知道，味醂含有14％的酒精成分，算是有甜味的米酒。

在日本，市面常見的味醂又細分「本味醂」、「味醂風味調味料」，前者以糯米、米麴、燒酎製成，含13

—14％的酒精，後者則混合了米、糖、發酵調味料等，酒精濃度僅約1％，台灣市面上的味醂以後者居多。

`消除腥味` 味醂的甘甜和酒味，能有效去除海鮮和肉類的腥味，在酒精揮發的過程中引出食材天然鮮味，常用在照燒雞腿、照燒牛肉等照燒類料理。

`增色添香` 味醂是呈淡金黃色的調味酒，用在日式燉滷料理上，能幫助食物色澤更漂亮可口。

`保護肉質` 有緊縮蛋白質、使肉質變硬的效果，如果怕肉類久煮會變得軟爛，可以早點加入味醂，不只讓肉料理熟而不爛，還能增添光澤。

〈 保存要訣 〉

• 開封後一定要鎖緊蓋子，因味醂與空氣中的細菌作用易導致酸敗。

• 味醂請密封好放在櫥櫃中陰涼的地方，不宜冷藏，以免遇過低溫度容易產生糖分結晶。

Check!
挑選技巧

1 請選擇商譽良好、評價優良的品牌，並在正規超市或店舖購買，且多加注意保存期限。

2 如用量不大，以短期內可盡快使用完畢為原則，優先挑選小瓶裝購買。

簡易版味醂DIY

台灣料理較少運用到味醂，如果恰好需要使用但手邊少一瓶，沒關係，這時只要用「台灣米酒：冰糖（或砂糖）＝3：1」的比例，將米酒與糖混合溶解煮至滾再放涼，就製成簡易版替代味醂。

Tips_

壽喜燒醬請依個人口添加、調整鹹淡，
它的概念類似「醬汁煮肉」，在日本，煮
好只會把食材吃掉，湯汁因為越煮越鹹
所以是不喝的。

A

B

Tips_

照燒燒烤醬也屬於萬用醬的一
種，不只在燒烤時使用，還可運
用於熱炒、醃漬等用途。

A 照燒燒烤醬_

熱炒 燒烤 醃漬 海鮮 雞肉 豬肉 牛肉 蔬菜 飯麵 菇類 雞蛋

材料

洋蔥·········120g
老薑·········30g
醬油·········150mL
米酒·········150mL
黃砂糖·········100g
柴魚片·········10g
味醂·········100mL

如何保存

可事先做起來，想吃隨時取用。做好的醬可在室溫下放置3-4天，冷藏2-3週，冷凍2-3個月。

作法

1_ 將洋蔥、薑洗淨切碎備用。
2_ 起鍋放入洋蔥、薑碎和所有調味料，煮開後轉慢火煮至有稠度，過濾掉洋蔥、薑碎、柴魚片即可。

B 壽喜燒醬_

沙拉 火鍋 海鮮 魚肉 雞肉 豬肉 牛肉 蔬菜 飯麵 雞蛋

材料

水·········200mL
醬油·········100mL
味醂·········60mL
白砂糖·········30g

如何保存

可事先做起來，想吃隨時取用。做好的醬可在室溫下放置8小時，冷藏2-3週，冷凍1-2個月。

作法

起鍋放入水、醬油、味醂、砂糖，攪拌至砂糖溶解，煮開後即可。

酒類 ┃ 基礎調味品 ┃ 調合調味品 ┃ 常用辛香料 ┃

Wine
葡萄酒

飲用 醃漬 燉煮

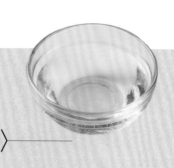

西式料理中，以葡萄酒入菜是非常普遍的調味方式，使用葡萄酒烹調，可依據料理階段分為三部分—料理前作為食材的醃料、料理過程中可當作液態來源、提供濕度，或料理接近完成時少量加入也有助於提味，如何使用端看料理的需求。

紅酒與白酒

一般而言，燉肉時習慣用紅酒（Red wine），若是料理海鮮、雞肉與蔬食則更常使用白酒（White wine），但這也並非絕對的準則，隨料理經驗累積，對

紅白酒的使用也會更靈活。以料理而言，紅白酒最大的差異在於顏色與酸度，白酒無色，不會影響食材的色澤，因此應用範圍較廣；紅酒則可為料理增色，另一方面紅酒含有較高的多酚與單寧，會使肉質更易軟化。

醃漬肉類食材 在醃製過程中加入些許葡萄酒，能壓抑肉腥味，讓整體風味更平衡順口，另一方面有助肉質軟化，讓口感更軟嫩。

增香提鮮 料理時酒精遇高熱會揮發，同時和食物裡的酸產生化學作用，讓料理帶有果香，並透過收汁的燉煮過程讓香氣滲入，提升料理的層次。訣竅在於加酒的時機──酒經長時間燉煮會散失氣味，果香與微微果酸融合料理中，若在料理將完成時才嗆點酒，則會留下較明顯的酒香。

製作醬汁 不論肉類或海鮮，煎、炒後香氣與味道會殘留鍋底，這時可加葡萄酒熬製醬汁，利用酒汁融合鍋底餘留的食材精華和香氣，讓美味回融醬汁中。

〈 保存要訣 〉

• 葡萄酒開瓶與空氣接觸後，便開始氧化讓風味越來越差，因此應盡快飲食完畢。若酒無法一次用完，可用市售的酒塞封瓶，置於冰箱冷藏約可保存一週。

酒類 ┃ 基礎調味品 ── 調合調味品 ── 常用辛香料 ──

Check!
挑選技巧

1 紅白酒都適合入菜，一般而言，料理用酒會選擇干型葡萄酒（Dry），同時口感以呈現清爽（Crisp）為佳，高甜度的酒用於料理會產生不必要的甜味，及非預期的焦糖化反應，較難掌握運用於料理。

2 選擇料理用酒，並不像單獨品嚐時那樣挑惕嚴苛，但若本身風味不佳，加熱後不好的味道將會更加明顯，最簡單的挑選方法，是選擇即使單獨飲用也不會令你排斥的酒款。

Tips_

喜歡吃辣可依個人口味加入新鮮的朝天
椒，或加點綠色瓶裝墨西哥辣椒水，酸辣
十足的新鮮莎莎醬，配上玉米片或墨西哥
捲餅，就成了清爽對味的輕食。

紅酒番茄莎莎醬

沾醬 燒烤 海鮮 魚肉 雞肉 鴨肉 牛肉 麵包 烤餅 飯麵

材料

牛番茄	360g
紫洋蔥	120g
香菜	10g
紅酒	200mL
蘋果醋	100mL
橄欖油	15mL
白砂糖	30g
蜂蜜	15mL
墨西哥辣椒水	10mL
鹽	適量
白胡椒粉	適量

如何保存

可事先做起來，想吃隨時取用。做好的醬室溫下可放置1小時，冷藏2-3天。

作法

1_ 牛番茄洗淨先去皮（整粒），紫洋蔥切小丁、香菜切碎備用。

2_ 將紅酒、蘋果醋、砂糖、蜂蜜放入鍋中煮開後放冷，再將去皮的牛番茄浸泡於冷醬汁一天。

3_ 隔日將牛番茄撈起去籽切小丁，和紫洋蔥丁、香菜碎、辣椒水、鹽、白胡椒粉、橄欖油攪拌均勻即可。

酒類 ─ 基礎調味品 ─ 調合調味品 ─ 常用辛香料 ─

紅酒燉牛肉_

材料

牛腱肉	200g
紅蘿蔔	30g
洋蔥	30g
西芹	20g
月桂葉	1片
黑胡椒粒	2g
無鹽奶油	20g
紅酒	300mL
牛骨肉汁	250mL
鹽	適量

作法

1_ 牛腱肉切成塊狀，紅蘿蔔、洋蔥、西芹去皮同樣切成塊狀。

2_ 將牛腱肉塊和蔬菜塊放入鍋中，加紅酒、月桂葉、黑胡椒粒醃泡45分鐘

3_ 醃泡完的牛肉、蔬菜和紅酒液各自分開。

4_ 準備鍋子放入無鹽奶油，先煎牛肉煎至上色後，再放入蔬菜一起拌炒。

5_ 把醃過肉的紅酒液加入一起煮至酒精揮發，放入牛骨肉汁燉煮至牛肉軟嫩，再以鹽調味即可。

Tips_

「牛骨肉汁」是用牛骨、洋蔥、紅蘿蔔、西洋芹、蒜苗、番茄、番茄糊、少量中筋麵粉炒過,再加入淹過牛骨高度的水量,煮開後繼續熬煮約2-4小時,過濾出來的湯汁就是牛骨肉汁。記得裡面的蔬菜總量,不能大於牛骨的三分之一!

Tips_
液態鮮奶油可增加濃稠度和香氣，這裡選用的是無糖的動物性鮮奶油，而非有糖的植物性鮮奶油。

A

B

Tips_
茵陳蒿是一種香料，新鮮的可去大型花市購買，如果買不到，也可用乾茵陳蒿替代。乾燥和新鮮的茵陳蒿，在味道上有所差異，新鮮茵陳蒿聞起來有茴香、甘草、羅勒的混合香氣，乾燥則有刺激辛辣味。

A 白酒大蒜茵陳蒿醬

沙拉 火鍋 醃漬 海鮮 雞肉 豬肉 牛肉 蔬菜 義麵 菇類 雞蛋

材料

新鮮法國茵陳蒿⋯⋯3g		鮮奶油⋯⋯⋯⋯⋯⋯200mL	
蒜頭⋯⋯⋯⋯⋯⋯⋯5g		水⋯⋯⋯⋯⋯⋯⋯⋯50mL	
奶油⋯⋯⋯⋯⋯⋯⋯10g		鹽⋯⋯⋯⋯⋯⋯⋯⋯適量	
白酒⋯⋯⋯⋯⋯⋯⋯150mL		白胡椒粉⋯⋯⋯⋯⋯適量	

如何保存

使用前適量製作即可。做好的醬室溫下可放置2-3小時，冷藏1天。

新鮮的
茵陳蒿

作法

1_ 蒜頭、茵陳蒿切碎備用。

2_ 起鍋放入奶油炒香蒜碎，接著倒入白酒煮至酒味散去，再加水、鮮奶油、茵陳蒿碎，煮至濃稠狀，最後以鹽、白胡椒粉調味即可。

B 白酒奶油醬

沙拉 火鍋 醃漬 海鮮 雞肉 豬肉 牛肉 蔬菜 義麵 菇類

材料

蘑菇⋯⋯⋯⋯⋯⋯20g		液態鮮奶油⋯⋯200mL	
紅蔥頭⋯⋯⋯⋯⋯5g		奶油⋯⋯⋯⋯⋯⋯20g	
雞高湯⋯⋯⋯⋯120mL		鹽⋯⋯⋯⋯⋯⋯⋯適量	
白酒⋯⋯⋯⋯⋯⋯120mL		白胡椒粉⋯⋯⋯適量	

如何保存

使用前適量製作即可。做好的醬室溫下可放置2-3小時，冷藏1天。

作法

1_ 蘑菇、紅蔥頭洗淨擦乾，切片備用。

2_ 準備一鍋，先放入蘑菇、紅蔥頭片，倒下白酒以中火把酒精味燒至揮發，再放入雞高湯，煮至高湯剩一半加入鮮奶油。

3_ 續煮至變得濃稠，再放整塊的奶油煮至溶化，最後加入鹽、白胡椒粉調味即可。

白酒大蒜茵陳蒿醬燴鮮蝦_

材料

鮮蝦⋯⋯⋯⋯⋯⋯⋯⋯12隻

蘆筍⋯⋯⋯⋯⋯⋯⋯⋯50g

玉米筍⋯⋯⋯⋯⋯⋯⋯30g

小番茄⋯⋯⋯⋯⋯⋯⋯10g

鹽⋯⋯⋯⋯⋯⋯⋯⋯⋯適量

白酒大蒜茵陳蒿醬⋯⋯⋯150 mL

作法

1_ 鮮蝦剔除腸泥，蘆筍、玉米筍洗淨燙過備用。

2_ 起鍋加入白酒大蒜茵陳蒿醬加熱，放下鮮蝦煮至
半熟，再放燙過的蘆筍、玉米筍燴煮，快熟時加
點小番茄和鹽調味即可。

Tips_

用牙籤插入蝦背部第2、3節位置，往上挑拉出腸
泥，這樣就不必去頭去殼，能保持蝦子的完整形
貌。這道菜很適合招待客人，鮮蝦也可換成蛤蠣
或螃蟹海鮮類都很適合，亦可依個人喜好的味道
調整調味比例。

中式料理甘醇美味的祕方

Soy Sauce
〈 醬油 〉

醃漬　涼拌　所有烹調

古人將「柴米油鹽醬醋茶」稱為開門七件事，其中的醬，指的正是我們熟悉的醬油。據傳中國古代，「醬」為皇族才能使用的珍貴調味料，隨著時間推移，「醬」化身成「醬油」已不再高不可攀，但濃郁甘醇的鮮味，絕對是台式料理不可或缺的重要配角。

醬油依主原料區分為黑豆、黃豆、小麥（豆麥）三類，古法釀造的醬油，大致會經歷「浸泡蒸煮→冷卻瀝乾→製麴接菌→培麴洗麴→

拌鹽入醬缸→封缸日曬發酵→開缸榨汁過濾→煮汁調味」的程序，現今仍有一些廠商堅持古法釀造，經歷 4 至 6 個月的等待，才能成就風味甘鮮醇美的醬油。

SOY SAUCE

調味增色 鹹、鮮、香的醬油，主要功能是調味和上色，滷煮食物時有人會特地選用深色醬油，替食材裹上誘人色澤，好的醬油下鍋遇熱會出現豆香，反之，不好的醬油只有重鹹不帶香氣。

去除肉類腥味 醬油、米酒、蔥薑蒜，是廚房常備的去腥法寶，我們也常將白切肉沾蒜蓉醬油，或生魚片配山葵加醬油，既除腥又增添鹹香。

延長保存期 常見如醬漬小黃瓜、金針菇等，都是用醬油和糖、辣椒等調味醃漬食材，因鹽分含量高，能拉長食物的保存期。

〈 保存要訣 〉

• 醬油開封後，以放置冰箱冷藏為佳，即便不收入冰箱，也一定要把蓋子蓋好，放在無日光直射的通風陰涼處，不可放在瓦斯爐旁，以免高溫環境造成醬油變質。

Check!
挑選技巧

1 認明信譽優良的廠牌。從包裝能了解醬油屬甲、乙、丙級（甲級最優、乙級次之），並確認是否為純釀造或胺基酸醬油，及有無焦糖色素等添加物。

2 先查看瓶子有無破損或澎出，但比起塑膠瓶，以玻璃瓶盛裝更佳，請拿起瓶子輕輕搖晃，察看瓶中有無沉澱物。

3 視用量選擇適當容量的醬油，以不會久放、短期食用完畢為原則。

4 沿白瓷碗壁倒醬油，若掛壁性好（醬油停留碗壁的時間長、內壁易上色），代表醬油富天然豆類油脂。

〈醬油的大家族〉

醬油、薄鹽醬油、蔭油、白曝蔭油

對台灣人來說，醬油無疑是最尋常、最熟悉不過的調味料，除了我們一般最常使用的醬油外，基於健康考量，廠商也推出減去鹽分、保留豆香的薄鹽醬油，提供不一樣的選擇。蔭油也屬於

醬油的一種，最大的不同在於以黑豆為主原料，是台灣特有的醬油產品（別於日式醬油多以豆麥為主原料），至於名稱中的「蔭」字，源於必須經過下醬缸日曬發酵的程序，這個步驟台灣話稱「蔭」，如此而得的醬油就叫「蔭油」或「白曝蔭油」。

製作蔭油需混合大量黑豆與鹽，封入缸中待其發酵

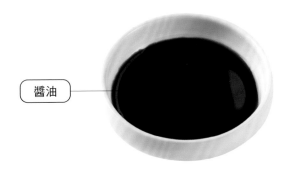

醬油

品評醬油的「觀色、聞香、嚐味」三步驟

- 觀色：一般來說，優質醬油的色澤應為清澈溫潤的紅褐色、琥珀色，二次釀造的醬色會再更深一些，至於劣質的醬油，通常色澤黯淡深沉不透明。

- 聞香：優質醬油會散發自然豆香，氣味溫潤、清爽，而劣質醬油則會出現一股刺鼻味或黴臭味。

- 嚐味：優質醬油嚐起來香味鮮，而劣質醬油的味道單調死鹹。

什麼是壺底油？

「壺底油」這個名稱乍聽十分特別，確切的真實來源說法分歧，有些人認為壺底油是醬缸下層第一道抽出（頭抽）的濃醇醬汁，另一說法則認為是乾式釀造沉澱於缸底的濃稠醬汁。壺底油最大的特色是味道濃、香氣足、質地滑稠，有的廠牌會在當中添加甘草，讓壺底油帶有柔和的甜味。

淡醬油

和風醬油

淡醬油

淡醬油也稱淡色醬油、白豆油，呈現清澈透明的琥珀色，這是醬汁的天然原色，與一般醬油差異之處在於是否添加赤砂糖或是色素增色。因為色淡，最適合用於蒸魚、海鮮、蔬菜等不需要太深醬色的料理，顏色雖淺，仍能賦予食物優良的豆香和風味層次。

和風醬油（鰹魚、昆布、香菇等風味）

和風醬油微甜不死鹹，又分鰹魚、干貝、昆布、香菇等不同風味，最常運用於蒸、煮、炒、涼拌、淋醬等料理方式，像茶碗蒸、蒸肉丸、炒鮮菇、涼拌鮮蔬等清爽的料理，因為滋味清淡爽口、甘甜鮮美而深受歡迎，有的人拿它替代一般醬油。

118

蠔油

醬油膏

醬油膏

鹹中帶甜的醬油膏，其濃稠度來自於另外添加的澱粉質——在醬油裡添加糯米粉、太白粉、玉米粉等澱粉類勾芡使之變得濃稠，但澱粉在製程中會被分解成糖分，所以醬油膏吃起來多有甘甜味，最常當作沾醬、淋醬，有時也會在料理過程中直接添加用以增色調味。

發現滋味意外鮮美，此後便衍生出鮮香甘甜的蠔油。蠔油的顏色、質地雖然與醬油膏相似，但因為添加了牡蠣讓鮮美味倍增，用途也越廣泛。

蠔油

蠔油據說由一名中國師傅發明，當時他原本正替餐廳客人料理，但一時粗心忘了關爐火，蠔肉與湯汁就在鍋裡不斷熬煮、濃縮，變成了咖啡色的濃稠醬汁，一嚐卻

素蠔油

蠔油的滋味鮮美，但畢竟素食者無法食用，後人為了符合素食者的飲食需求，又研發出以香菇、冬菇製成的「素食蠔油」，濃縮萃取了菇的鮮味，廣泛在炒、煮、淋醬、沾醬皆適用。

Tips_

這裡優先選用一般醬油或薄鹽醬油，
如果想用蔭油或壺底油，因為這兩種
醬油的味道較濃，可減量使用。

A

C

B

Tips_

紅燒滷汁的優點是香氣
濃郁，比較適合滷肉類。
製作滷汁優先選用一般
醬油或薄鹽醬油，也可以
用蔭油或壺底油，但需減
量使用。

Tips_

茶香滷汁的優點是清爽有
香氣，特別適合滷豆製品
和蛋。製作滷汁優先選用
一般醬油或薄鹽醬油，也
可以用蔭油或壺底油，但
需減量使用。

A 丼飯醬汁_

沙拉 火鍋 醃漬 海鮮 雞肉 豬肉 牛肉 蔬菜 麵飯 菇類 雞蛋

材料

乾香菇⋯⋯⋯2朵
黃砂糖⋯⋯⋯10g
水⋯⋯⋯⋯⋯200mL
醬油⋯⋯⋯⋯60mL
米酒⋯⋯⋯⋯120mL
味醂⋯⋯⋯⋯120mL

如何保存

可事先做起來,需要時取用。做好的醬汁室溫下可放3-4天,冷藏2-3週,冷凍2-3個月。

作法

1_ 乾香菇洗淨去蒂備用。

2_ 將水、醬油、米酒、味醂、砂糖和乾香菇放入鍋內煮滾,再轉小火續煮約10分鐘後過濾即可。

B 茶香滷汁_

沙拉 火鍋 醃漬 海鮮 雞肉 豬肉 牛肉 蔬菜 麵飯 豆製品 雞蛋

材料

青蔥⋯⋯⋯⋯12g	草果⋯⋯⋯⋯1顆
老薑⋯⋯⋯⋯15g	八角⋯⋯⋯⋯5g
紹興酒⋯⋯⋯120mL	桂皮⋯⋯⋯⋯5g
水⋯⋯⋯⋯⋯1.5L	月桂葉⋯⋯⋯3片
醬油⋯⋯⋯⋯500mL	甘草⋯⋯⋯⋯3g
白砂糖⋯⋯⋯100g	烏龍茶葉⋯⋯15g
沙薑⋯⋯⋯⋯5g	滷包棉袋⋯⋯1個

如何保存

可事先做起來,需要時取用。做好的滷汁室溫下可放置1週,冷藏2-3週,冷凍3-4個月。

作法

1_ 將草果、沙薑、八角、桂皮、月桂葉、甘草、烏龍茶葉全部放入滷包棉袋中,袋口綁緊備用。

2_ 青蔥、薑拍打放入鍋裡,倒下水、醬油煮開後再加砂糖、滷包,煮沸後轉小火續煮約10分鐘,最後加紹興酒即可。

醬油類 — 基礎調味品 — 調合調味品 — 常用辛香料 —

C 紅燒滷汁_

沙拉 火鍋 醃漬 海鮮 雞肉 豬肉 牛肉 蔬菜 麵飯 菇類 雞蛋

材料

蒜頭⋯⋯⋯18g

青蔥⋯⋯⋯15g

老薑⋯⋯⋯12g

八角⋯⋯⋯5g

五香粉⋯⋯5g

冰糖⋯⋯⋯30g

紹興酒⋯⋯150mL

水⋯⋯⋯⋯600mL

沙拉油⋯⋯20mL

醬油⋯⋯⋯250mL

如何保存

可事先做起來，需要時取用。做好的滷汁室溫下可放置1-2週，冷藏3週，冷凍4-5個月。

作法

1_ 蒜頭去皮，青蔥、薑洗淨，以刀背輕輕拍打過。

2_ 起鍋放入沙拉油，炒香蒜頭、青蔥、薑。

3_ 再把八角、五香粉放入拌炒，加入紹興酒、冰糖、醬油、水，煮約40分鐘即可。

紅燒豬五花_

材料

豬五花⋯⋯600g

水⋯⋯⋯⋯1L

沙拉油⋯⋯20g

紅燒滷汁⋯600mL

作法

1_ 豬五花切成塊狀，鍋裡放水先煮開，再把肉放入燙一下撈起。

2_ 另起一鍋，放入沙拉油炒香燙過的豬五花，再加入紅燒滷汁煮開後轉小火續煮約1小時即可。

豬五花肉燙過再用水洗，先把不要的雜質沖掉濾乾
再用沙拉油炒上色，燒出來的顏色才會漂亮。

醬油類 — — 基礎調味品 — 調合調味品 — 常用辛香料 —

材料

櫻桃鴨胸⋯⋯1片（約180g）

香油⋯⋯⋯⋯10mL

淡醬油⋯⋯⋯30mL

米酒⋯⋯⋯⋯15mL

鹽⋯⋯⋯⋯⋯適量

作法

1_ 櫻桃鴨胸皮面先淺淺劃刀，呈交錯的菱格紋，並
抹上適量的鹽備用。

2_ 淡醬油和米酒混合成醬汁。

3_ 起平底鍋，加入香油以中火煎櫻桃鴨胸，皮面朝
下慢慢煎到皮脆再翻，再把醬汁倒入煮至醬汁收
乾即可。

皮面切菱格紋，
幫助油脂滲出。

Tips_

選用淡醬油或白曝蔭油皆可,用白曝蔭油的話份量需
減少,因白曝蔭油味道和一般醬油不同,一般醬油多是
用豆麥或黃豆釀造,發酵較快,醬油氣味清甜、香氣迷
人,而白曝蔭油是純黑豆釀造、自然發酵,所以醬香醇
厚天然,鹹中回甘。

Tips_

和風醬油和一般醬油的味道不
同，其鹹度較低又帶點甜味，常用
來做涼拌菜或蒸蛋調味等，這道
涼麵沾醬，選用市售鰹魚、昆布、
香菇口味的和風醬油皆可。

日式蕎麥麵沾醬

使用和風醬油

材料

水⋯⋯⋯⋯2L

小魚乾⋯⋯⋯80g

柴魚片⋯⋯⋯250g

和風醬油⋯⋯100mL

味醂⋯⋯⋯100mL

白砂糖⋯⋯⋯30g

鹽⋯⋯⋯適量

如何保存

可事先做起來，想吃隨時取用。做好的醬室溫下可放置6小時，冷藏1週。

作法

1_ 水、柴魚片、小魚乾一起煮，煮開後轉中火再煮約1小時，之後用濾網過濾掉食材，留醬汁備用。

2_ 過濾的湯加入和風醬油、味醂、砂糖攪拌均勻，再煮約45分鐘後視口味濃淡再以鹽或加水調味。

柴魚片怎麼選？

柴魚片分兩種，一種是熬湯專用的粗片（左），這種柴魚片的厚度較厚，所以顏色偏深、質地偏脆硬，熬煮會讓湯頭變得富柴魚鮮味；另一種則是當調味佐料使用的薄片（右），這種柴魚片的厚度較薄、顏色較淺，常撒在皮蛋豆腐、大阪燒、章魚燒上，增添香氣與口感。

Tips_

如果是重口味愛好者，可把蒜頭、老
薑磨成泥拌入醬裡，或是加點沙茶
醬，味道更香。

B

A

Tips_

打蒜蓉時，可加些米酒和鹽調
合，防止蒜蓉氧化變黑。

A 蒜蓉沾醬

使用醬油膏

沙拉 火鍋 沾醬 海鮮 雞肉 豬肉 牛肉 蔬菜 麵飯 菇類 雞蛋

材料

蒜頭⋯⋯⋯⋯20g

青蔥⋯⋯⋯⋯15g

香菜⋯⋯⋯⋯10g

醬油膏⋯⋯⋯150g

米酒⋯⋯⋯⋯20mL

白砂糖⋯⋯⋯10g

白胡椒粉⋯⋯適量

如何保存

使用前適量製作即可。做好的醬室溫下可放置8小時。

作法

1_ 蒜頭、青蔥、香菜洗淨,蒜頭加米酒用果汁機或攪拌棒打成蒜蓉,青蔥、香菜都切成碎。

2_ 醬油膏、砂糖、白胡椒粉適量攪拌一起,再加入蒜蓉、青蔥、香菜碎拌均勻即可。

B 台式烤肉醬

使用醬油膏

沙拉 烤肉 醃肉 海鮮 雞肉 豬肉 牛肉 蔬菜 麵飯 菇類 雞蛋

材料

蒜頭⋯⋯⋯⋯12g

老薑⋯⋯⋯⋯10g

五香粉⋯⋯⋯3g

黃砂糖⋯⋯⋯5g

白胡椒粉⋯⋯3g

開水⋯⋯⋯⋯50mL

醬油膏⋯⋯⋯150mL

米酒⋯⋯⋯⋯15mL

如何保存

使用前適量製作即可。做好的醬室溫下可放置8小時,冷藏2-3天。

作法

1_ 蒜頭去皮、老薑洗淨,切成碎備用。

2_ 再將醬油膏和開水、米酒、五香粉、糖、白胡椒粉,以及切碎的蒜頭、薑一起攪拌均勻即可。

材料

牛肉片⋯⋯⋯200g	太白粉⋯⋯⋯5g
青江菜⋯⋯⋯25g	水⋯⋯⋯50mL
青蔥⋯⋯⋯15g	沙拉油⋯⋯⋯15mL
紅辣椒⋯⋯⋯10g	醬油⋯⋯⋯15mL
蒜頭⋯⋯⋯8g	蠔油⋯⋯⋯30mL
粉薑⋯⋯⋯5g	米酒⋯⋯⋯15mL

作法

1_ 青江菜、青蔥、紅辣椒、蒜頭、薑洗淨，青江菜對半直剖，青蔥切段、蒜頭切碎、薑切絲、紅辣椒切片備用。

2_ 牛肉片用醬油加太白粉先抓醃過。

3_ 起鍋放沙拉油，先下牛肉片炒開至6分熟，再放蒜碎、薑絲、青蔥段、紅辣椒片炒香，加米酒、蠔油、水快速炒勻盛盤。

4_ 另將青江菜燙熟，圍繞盤邊即可。

蠔油跟醬油膏的外觀相似，看起來都是濃稠的深
咖啡色，不同之處在於多了鮮蠔味，通常是醬油
膏與鮮蠔萃取物調合而成。

醬油類 ── ── 基礎調味品 ── 調合調味品 ── 常用辛香料 ──

Tips_
繼蠔油之後，又衍生出為素食者設計的素蠔
油，以冬菇或香菇為原料提供鮮味，今日則是
醬油膏與香菇萃取物調合而成。

青菜淋醬

使用香菇素蠔油

沙拉 烤肉 醃肉 海鮮 雞肉 豬肉 牛肉 蔬菜 飯麵 菇類 雞蛋

材料

開水…………50mL

素蠔油………150mL

醬油…………30mL

白砂糖………5g

白胡椒粉……適量

如何保存

使用前適量製作即可。做好的醬室溫下可放置6小時，冷藏1-2天。

作法

將素蠔油、醬油、砂糖、白胡椒粉適量，和開水全部混合調勻一起煮開即可。

醬油類

—

基礎調味品

—

調合調味品

—

常用辛香料

—

Column

〈 餃子沾醬少不了這一味 〉

熱騰騰又飽滿多汁的餃子，一定要配一小碟自己獨門的特調醬汁，各家廚房一定都有常備的經典餃子沾醬組成元素，隨意排列組合，可能是一匙醬油加白醋，再撒點生辣椒、蒜蓉跟兩滴香油，香香辣辣的，餃子整盤迅速一掃而空，簡簡單單就很好吃囉！

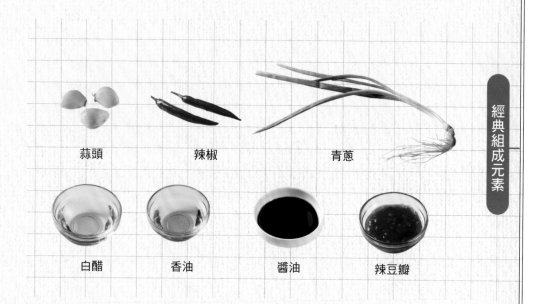

蒜頭　　　　辣椒　　　　青蔥

白醋　　　香油　　　醬油　　　辣豆瓣

經典組成元素

韓式辣味醬

【材料】
蘿蔔泥　30g
日式醬油　60mL
檸檬汁　15mL

【作法】
把蘿蔔泥、日式醬油、檸檬汁混合攪拌均勻即可。

日式清爽醬

多元美味組合

【材料】
韓式辣醬　20g
醬油　50mL
白醋　15mL

【作法】
韓式辣醬、醬油、白醋混合攪拌均勻即可。

馬告蔥辣醬

【材料】
馬告 10粒
紅辣椒 5g
粉薑 5g
大蒜 3g
青蔥 5g
香菜 2g
醬油膏 80mL
辣油 10mL
香油 5mL

【作法】
1_ 馬告拍碎、紅辣椒去籽，薑、大蒜、青蔥、香菜都切碎。
2_ 將切碎的食材和醬油膏、辣油、香油拌勻，靜置約10分鐘即可。

創意酸辣醬

【材料】
粉薑 12g
青蔥 10g
紅辣椒 10g
醬油 60mL
義式陳年醋 30mL

【作法】
1_ 薑、青蔥、紅辣椒洗淨切成碎。
2_ 再將醬油、義式陳年醋調和，與薑、青蔥、紅辣椒碎拌勻。

經典酸桔醬

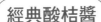

【材料】
客家桔醬 35mL
醬油 50mL
白醋 15mL

【作法】
客家桔醬、醬油、白醋混合調勻即可。

香菜檸檬醬

【材料】
檸檬肉 10g
香菜 3g
醬油 60mL
香油 3mL

【作法】
香菜、檸檬肉切碎，和醬油、香油拌勻，浸泡約10分鐘即可食用。

Rice Vinegar

白醋

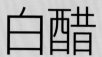
醃漬 涼拌 煮 炒

發酵成就的清爽酸香

白醋是亞洲飲食中不可或缺的調味料，原料以糯米為主，處理後，糯米經過一連串澱粉轉化、發酵、產生酒精等程序，然後在醋酸菌的作用下形成醋酸。現今市售的白醋除了以糯米為原料外，為了讓口感更具特色，有些會另加糖、鹽等調味。

烹調料理時，因醋酸遇高溫揮發將導致酸味減弱，所以強調酸味的菜餚如酸辣湯、薑絲炒大腸等，可在起鍋前再下醋，或是把醋適量分成兩次加入，留下更多酸

香風味。白醋還有另一個妙用，就是開始炒青菜時加一些，可保持脆口度，喜歡這種口感者不妨一試，但要注意用量以免過酸。

(酸性調味) 醋可以調整料理的酸度,與其他調味料一起使用,會讓料理層次更豐富,並且具有清爽解膩的效果。

(料理涼拌開胃菜) 醋也具有防腐、殺菌的作用,特別適合料理涼拌開胃菜,經醋調味過的食材,能延緩接觸空氣後產生氧化與變色。

(促進蛋白質凝固) 製作水波蛋時在水中加一點點醋,有助蛋定型。

〈 **保存要訣** 〉

- 醋為酸性,若是純釀造醋,在未受汙染的保存環境下可以長久存放。反之若是化學合成醋,因擔心添加的化學原料可能產生變質,不易久存。

- 無論屬何種醋,平日應存放在陰涼無陽光直曬處,並盡快食用完畢,以免變質出現汁液混濁、香氣散失、醋味淡薄或異味。

醋類 — 基礎調味品 — 調合調味品 — 常用辛香料 —

Check!
挑選技巧

1 選購白醋時,可從觀察外觀著手,白醋通常為透明的淡黃色。拿起瓶子搖一搖,釀造醋的泡沫細、消失慢,化學合成醋的泡沫大、消失快。

2 優質的醋氣味較香,酸度高但不刺激,味道入口後轉為柔和、稍帶甜味,且無其他異味,但化學合成醋的氣味刺鼻難聞。

Tips_

薑醋醬的作用是去腥、祛
除螃蟹的寒性,並且帶出
蟹肉的鮮,讓口感更清爽
鮮甜。

B

A

Tips_

正確掌握壽司醋與白飯的比例,做出來的
醋飯才會酸甜適中,比例是1公斤白米煮出
來的飯,要加200-250mL壽司醋,並趁熱
翻拌均勻,涼了才會好吃。

A 壽司醋

沙拉 火鍋 沾醬 海鮮 雞肉 豬肉 牛肉 蔬菜 白飯 菇類 雞蛋

材料

白醋⋯⋯⋯⋯600mL
白砂糖⋯⋯⋯280g
鹽⋯⋯⋯⋯⋯60g

如何保存

可事先做起來，想吃隨時取用。做好的醬室溫下可放置2-3天，冷藏2-3週。

作法

鍋中倒入白醋和糖、鹽，攪拌到完全溶化即可。

B 薑醋醬（清蒸蟹沾醬）

沙拉 火鍋 沾醬 海鮮 蝦子 螃蟹 雞肉 豬肉 牛肉 蔬菜 雞蛋

材料

粉薑⋯⋯⋯⋯35g
白醋⋯⋯⋯⋯150mL
檸檬汁⋯⋯⋯75mL
蜂蜜⋯⋯⋯⋯75mL

如何保存

可事先做起來，想吃隨時取用。做好的醬室溫下可放置6小時，冷藏2-3週。

作法

1_ 粉薑皮洗淨，切成細細的薑碎備用（或磨成薑泥亦可）。

2_ 薑碎和白醋、檸檬汁、蜂蜜全部攪拌均勻即可。

Black Vinegar

烏醋

涼拌 煮 炒

烏醋也稱黑醋，許多料理都少不了烏醋發揮提味功能。我們一般常吃的烏醋，原料除了糯米外，還另外加入蔬菜水果或蔥蒜、洋蔥等辛香料，並經數個月的釀造而得，相較於白醋，烏醋的酸味較柔和平順。

酸香氣息迷人的烏醋，使用上以提味為主要訴求，涼拌、煮炒均合適。料理要注意放醋的時機，起鍋前加入最恰當，最能保留酸味，若經久煮會使酸味減低，導致風味盡失。

增加風味 烏醋的釀造原料除了糯米，還加了其他蔬果與辛香料，因此除了酸味、香味層次也更豐厚多元，適合用於需要提味、增添香氣的料理。

去腥提鮮 烏醋的酸可以壓制肉腥味，卻又不會過於強烈而破壞料理的味道，還可以讓鹹鮮味更加突顯，因此在吃佛跳牆等強調鮮味的料理，就會佐搭一小匙的烏醋提味。

〈 保存要訣 〉

• 醋本身具有抗菌防腐的功效，市售烏醋出廠前多經過濾與殺菌後才封瓶，所以放置於陰涼處，並確定未沾染生水等不潔物質，瓶蓋封好可保存一年以上。

• 純釀造的醋若是存放得宜，甚至擺放五年、十年也不會壞，味道反而更陳香醇郁。

醋類 ｜ 基礎調味品 ｜ 調合調味品 ｜ 常用辛香料 ｜

Check!
挑選技巧

1 烏醋分兩種，一種是添加蔬果與辛香料釀製而成，另一種則是素食者專用。

2 素食烏醋少了蔥薑蒜等辛香料，常用香菇、昆布增鮮提味，所以味道較清新，包裝瓶身會特別標示「素食專用」，從原料成分也能辨別。

Worcestershire Sauce
〈 日本濃果醋 〉

醃漬　燉　煮　炒　炸物沾醬

日本濃果醋可說是烏斯特醬的變化版（後面會再介紹到烏斯特醬），烏斯特醬於江戶末期傳入日本，當時由於日本人對辣味的忍受度較低，因此便用加量的蔬果取代原本的鯷魚與辛香料，發展出辣度較低、味道更柔和並且富蔬果香的版本，成為具有代表性的日式醬料。

日本濃果醋是這類醬汁的統稱，因各地、各廠牌的配方不同，使用的原料略有差異，產生了不同的風味與濃度，市售罐裝多以濃稠度為區隔，如「清」、「中濃」以及「最濃」，單獨使用或與其他佐料混合都很合適。

142

各式料理 多元而溫和的風味適合燉煮料理，或是當成炸物的沾醬、大阪燒的淋醬，或是拿來炒麵、加在咖哩中增添濃度和風味，用途非常廣泛。

醃漬肉類 可消除腥味，濃果醋本身即帶有濃厚的蔬果甘甜與香辛料的香味，可以取代其他的醃料。

拌飯拌麵 濃果醋因味道豐富又香醇，即使單獨淋在白飯或麵上也很夠味，有時來不及料理，日本家庭會醬拌飯麵配簡單的一兩道菜，輕鬆解決一餐。

Check!
挑選技巧

1 濃果醋分濃度，瓶身上會標示清、中濃、最濃，或依用途註明為烏斯特醬、豬排醬、大阪燒醬、炒麵醬等，可依料理需求和個人習慣選用。

〈 **保存要訣** 〉

• 開封前請放置於陰涼處，開封後需收進冰箱冷藏保存，因久放易變質，請留意保存期限並盡快食用完畢。

Tips_
黑白芝麻應先用烤箱烤過，或
用乾鍋炒至香味散發，再來磨
碎或切碎，香味才會足夠。

A

B

Tips_
喜歡吃辣者，可依個人口味
加入辣油，或把紅辣椒改成
辣度更高的朝天椒。

A 烏醋拌麵醬

使用烏醋

沙拉 火鍋 沾醬 海鮮 雞肉 豬肉 牛肉 蔬菜 麵條 菇類 雞蛋

材料

青蔥⋯⋯⋯⋯30g

紅辣椒⋯⋯⋯15g

烏醋⋯⋯⋯⋯50mL

醬油⋯⋯⋯⋯30mL

香油⋯⋯⋯⋯15mL

鹽⋯⋯⋯⋯⋯適量

白胡椒粉⋯⋯適量

如何保存

使用前適量製作即可。做好的
醬室溫下可放置2-3小時，冷
藏1天。

作法

1_ 青蔥切蔥花，紅辣椒切末備用。

2_ 再把烏醋、醬油、香油、鹽、白胡椒粉調勻。

3_ 最後將蔥花、紅辣椒末放到醬裡即可。

B 芝麻豬排醬

使用日本濃果醋

沙拉 火鍋 沾醬 炸魚排 炸牡蠣 炸豬排 炸蔬菜 牛肉 炸蝦

材料

日本濃果醋⋯100mL

黑白芝麻⋯⋯15g

如何保存

使用前適量製作即可。做好的
醬於室溫下可放置2-3小時，
因有芝麻不建議放在冰箱冷
藏、冷凍。

作法

黑白芝麻磨碎，放入中濃醬混合攪拌均勻即可。

材料

豬肉片	100g
高麗菜	50g
紅蘿蔔	30g
日本濃果醋	30mL
英式烏斯特醬	30mL
醬油	15mL
雞蛋	1粒
海苔絲	2g
日式拉麵	250g
蔬菜油	25mL

作法

1_ 高麗菜、紅蘿蔔洗淨切片,另將日本濃果醋、英式烏斯特醬、醬油調和拌勻,日式拉麵用熱水燙過撈起。

2_ 起鍋,放入少許蔬菜油炒豬肉片、紅蘿蔔、高麗菜片,再放入調好的醬,把燙過的日式拉麵放入拌炒均勻即盛盤。

3_ 另起煎鍋放入蔬菜油煎蛋,待煎至蛋黃定型即鏟出放在麵上,再撒點海苔絲即可。

Tips_

日本濃果醋替炒麵帶來酸香的蔬果味，醬汁可依個人喜好口味濃淡添加。如手邊沒有英式烏斯特醬（Worcestershire sauce），就買坊間常見的「辣醬油」即可。

Fruit Vinegar

果醋

醃漬　涼拌　飲料

水果醋的種類眾多，日常生活中以蘋果醋、梅子醋、檸檬醋、蔓越莓醋最為常見，果醋因為帶有水果甘甜芳醇的香氣與甜味，還保有水果本身的氨基酸、維生素、礦物質，所以在生活中被廣泛的應用。

料理烹飪時，最常使用的為蘋果醋、葡萄醋和柑橘醋，除了一般超市常見的玻璃瓶裝含糖果醋，兌水可飲

用亦可做醃漬、涼拌料理，進口醬料區也常陳列料理專用的紅葡萄醋、白葡萄醋、香料醋，與沙拉或烤肉最速配，有清爽解膩的效果。

紅葡萄醋

蘋果醋

製作醬汁 使用果醋可搭配油品調出帶果香味的油醋，製成風味清爽的沙拉醬，或是取代醋製作各式調味醬料。

爽口涼拌菜 酸甜富果香是水果醋的優點，果醋常用於醋漬小番茄、涼拌洋蔥絲、醋拌蓮藕，清爽又開胃。

調製飲料 果醋可以飲用，請依瓶身標示的比例兌水調整濃淡，可加入開水或氣泡水，果醋因富含酵素對健康有幫助，尤其在攝取肉後，可選擇柳橙醋或鳳梨醋，幫助解除油膩、促進腸胃道蠕動。

〈 **保存要訣** 〉

• 視所需用量選購適當的大小容量，平日應存放在陰涼低溫處，開封後則置於冰箱保存。

Check!
挑選技巧

1 果醋分料理專用與調飲料用，瓶身上會標示，或者可依含糖與否判斷選擇。

2 購買時請留意原料成分，了解為純釀造醋、浸泡醋，或是醋加糖、香料、果汁調製而成。

3 天然果醋的香氣較淡，喝起來醇郁回甘，沒有劇烈、長時間的刺激感，若是用香料增香的果醋，香味持久讓人覺得膩，口感也較刺激。

Tips_

橙醋因帶有酸味和果香，滋味
清新芬芳，同時可去油解膩，也
可作為火鍋的沾醬。

日式和風醬

材料

蘋果泥⋯⋯⋯100g

洋蔥泥⋯⋯⋯25g

沙拉油⋯⋯⋯50mL

橙醋⋯⋯⋯⋯200mL

白醋⋯⋯⋯⋯25mL

黃芥末粉⋯⋯15g

白砂糖⋯⋯⋯5g

白芝麻⋯⋯⋯3g

鹽⋯⋯⋯⋯⋯適量

白胡椒粉⋯⋯適量

如何保存

可事先做起來，想吃隨時取用。做好的醬室溫下可放置1-2小時，冷藏1-2週。

作法

1_ 橙醋、白醋、黃芥末粉、砂糖、鹽、白胡椒粉調和均勻。

2_ 再放蘋果泥、洋蔥泥、沙拉油、白芝麻拌勻即可。

現磨蘋果泥，帶來香氣與口感

醋類 ｜ ― 基礎調味品 ― 調合調味品 ― 常用辛香料 ―

果醋醃梅子番茄_

材料

小番茄..........450g

紹興梅..........7粒

蘋果醋..........250mL

冰糖..........25g

作法

1_ 小番茄洗淨在尾端劃十字，丟入熱水氽燙約十秒
後移入冷開水裡冰鎮，剝除番茄皮備用。

2_ 蘋果醋倒入鍋內，加冰糖、紹興梅煮開後放涼。

3_ 小番茄以冷的醬汁醃泡約1天即可食用。

番茄底部先劃十字，燙好就很容易剝皮

Tips_

冰糖用蜂蜜替代，做出來的醃番茄也很美味，但蜂蜜放的量要比冰糖多，並且避開加熱的程序，在步驟2的梅醋液放涼後再加入蜂蜜調合均勻。

醋類 — 基礎調味品 — 調合調味品 — 常用辛香料 —

153

Worcestershire Sauce
〈 烏斯特醬 〉

燉　煮　炒　沾醬　調酒

烏斯特醬源於英國，據傳在1840年由李先生（Mr. Lea）和派林先生（Mr. Parrins）共同研發，當時他們製作出的醬料味道濃烈的嚇人，後來儲存在地下室被遺忘數年，再開封時味道竟變得柔順許多，而後衍生出知名的烏斯特醬。

傳入亞洲後被稱作辣醬油、辣香酢、英國黑醋等，

是英式料理中普遍會使用到的醬料，這種深褐色的醬汁，除了酸味也帶有辣味與微微的甜味，使用主原料有大麥醋、白醋、糖、鹽、鯷魚、洋蔥、羅望子萃取物與多種香料和調味料，經熬煮過濾後製成。

肉類沾醬 烏斯特醬特別適合與肉類食材搭配，時常出現於牛排餐館裡，作為搭配牛排的醬汁。

調酒 烏斯特醬是經典調酒血腥瑪麗（Bloody Mary）裡不可或缺的一味，血腥瑪麗被視為最複雜的雞尾酒，烏斯特醬帶酸、甜、辣的多層次味道，與血腥瑪莉多變的風味不謀而合。

湯品調味 烏斯特醬雖非濃湯的主要調味料，但在濃湯中加幾滴烏斯特醬，能夠讓湯品的味道更豐富，微微的辣度也增加味覺的刺激。

Check!
挑選技巧

1 烏斯特醬同時也擁有辣醬油、辣香酢等名稱，發展至今，各家品牌都創造出屬於自己的味道，可依個人口味偏好選擇。

2 值得一提的是，李派林烏斯特醬相傳是烏斯特醬的發明者，也是最早生產且販售烏斯特醬的品牌，如果是第一次購買不妨考慮看看！

老牌子李派林烏斯特醬

• 開封前放置於陰涼處，開封後需於收進冰箱冷藏保存。

醋類 ─ 基礎調味品 ─ 調合調味品 ─ 常用辛香料 ─

Balsamic Vinegar
〈 巴薩米克醋 〉

涼拌 炒

巴薩米克醋是義大利著名的經典調味品之一。製作巴薩米克醋時，需將葡萄連皮榨汁，經過熬煮使容量濃縮，接著放入木桶發酵成醋，最後陳放熟成，熟成時間短則三年，長則超過半世紀都不令人意外。

好的巴薩米克醋價格不菲，從葡萄品種、產區、木桶大小到釀造熟成的時間，都影響著巴薩米克醋的品質與售價，其複雜與講究的程度並不亞於紅酒。一般而言，巴薩米克醋最常當成淋醬或油醋醬，較少用於烹調熟食上。

搭配橄欖油 巴薩米克醋調和橄欖油，搭配原味歐式麵包是非常普遍的吃法，若以「油：醋＝3：1」的比例混合，則成了經典油醋醬，適合搭配生菜沙拉食用。

直接淋盤 巴薩米克醋本身有均衡濃重的口感和豐富的香甜氣息，即使單獨品嚐都非常可口，可直接淋盤或加入已經煮好的料理中提味，菜式越簡單，越能品嚐到巴薩米克醋與食材相得益彰的滋味。

保存要訣

• 放置於常溫且陰涼乾燥處，在保存環境、溫度等條件穩定的狀況下，能夠長時間保存數年。

Check!
挑選技巧

1 市面上的巴薩米克醋選擇非常多、價格區間差異極大，差別在於製程與陳年年份。陳年越久，味道越溫和和諧、味香質稠，價格自然越高。

2 挑選則以實際品嚐嗅聞感受的味道為依據，若帶有酸嗆味或酒味，則為品質較差的巴薩米克醋。

3 以歐洲進口的巴薩米克醋而言，歐盟特別制定標籤劃分產地與製造方式為區別。

傳統級巴薩米克醋 （Aceto Balsamico Tradizionale）	價高珍貴，受原產地名稱保護制度 (D.O.P)認證，熟成時間至少12年。
摩德納巴薩米克醋 （Aceto Balsamico di Modena）	（I.G.P）認證，規範於特定地區製造並且符合製作標準，是許多職人饗客料理時的首選。
調味品級巴薩米克醋 （Aceto Balsamico）	普遍較平價且於認證外的皆屬此類，品質因不受規範所以參差不齊。

Tips_
如沒蘋果醋可換成白醋。煮醬
汁時要不定時攪動，火候也不
能開太大，免得黏鍋燒焦。

B

A

Tips_
巴薩米克醋是掌握酸度的關鍵，可
依個人喜好酌量調整配方，如果喜
歡甜一點，也可加少許的糖。

A 義式油醋醬

使用巴薩米克醋

沙拉 火鍋 沾醬 海鮮 雞肉 豬肉 牛肉 蔬菜 麵包 菇類 雞蛋

材料

橄欖油⋯⋯⋯⋯180mL
巴薩米克醋⋯⋯60mL
現磨黑胡椒⋯⋯適量
鹽⋯⋯⋯⋯⋯⋯適量

如何保存

使用前適量製作即可。做好的醬於室溫下可放置2小時，裝入加蓋玻璃罐可冷藏2-3週。

作法

將上述所有材料混合攪拌均勻，即可當佐料食用。

B 烤豬肋排醬

使用烏斯特醬

沙拉 燒烤 沾醬 海鮮 雞肉 豬肉 牛肉 蔬菜 麵條 菇類 雞蛋

材料

番茄醬⋯⋯⋯⋯120mL
蜂蜜⋯⋯⋯⋯⋯60mL
烏斯特醬⋯⋯⋯60mL
紅椒粉⋯⋯⋯⋯15g
黑胡椒粉⋯⋯⋯10g
黑糖⋯⋯⋯⋯⋯10g
黃芥末醬⋯⋯⋯15g
蘋果酒醋⋯⋯⋯15mL
水⋯⋯⋯⋯⋯⋯50mL

如何保存

使用前適量製作即可。做好的醬於室溫下可放置2-3小時，裝入加蓋玻璃罐可冷藏2-3週。

作法

將水、蘋果醋、黑糖、黃芥末醬、紅椒粉、黑胡椒粉調和拌勻，以中火加熱，放入番茄醬、烏斯特醬煮開後關火，再加入蜂蜜拌勻即可。

醋類 ｜ 基礎調味品 ｜ 調合調味品 ｜ 常用辛香料 ｜

〈 拌麵拌飯好朋友 〉

滷肉肉燥醬

【材料】

五花肉　450g	五香粉　2.5g
粉薑　15g	白胡椒粉　5g
蒜頭　30g	冰糖　30g
紅蔥頭　100g	水　1L
醬油　160mL	米酒　30mL
醬油膏　50mL	蔬菜油　100mL

如何保存

肉燥醬室溫下可放2天，冷藏2週，冷凍1-2個月。

【材料】

胛心豬絞肉　350g	甜麵醬　160g
蝦米　50g	醬油　30mL
蒜頭　15g	冰糖　10g
紅蔥頭　15g	白胡椒粉　2g
青蔥　12g	水　150mL
豆瓣醬　120g	蔬菜油　15mL

如何保存

炸醬室溫下可放3-4天，冷藏2-3週，冷凍2-3個月。

【作法】

1_ 蝦米泡水後濾乾水分，和蒜頭、紅蔥頭、青蔥切碎備用。

2_ 起鍋放蔬菜油，先炒胛心豬絞肉，微煸一下讓肉有香味，之後加蝦米、蒜頭、紅蔥頭、青蔥碎炒香。

3_ 接著放下豆瓣醬、甜麵醬、醬油、冰糖、白胡椒粉，拌勻加水以小火熬煮45分鐘至水分變少即可。

【作法】

1_ 薑、蒜頭切碎，紅蔥頭切片，五花肉絞成碎肉，備用。

2_ 起鍋放入蔬菜油，以小火炒至紅蔥頭片金黃色拿起，原鍋放入五花碎肉炒香至半熟，再加薑、蒜頭碎炒出香味。

3_ 接著放米酒、醬油、醬油膏、五香粉、白胡椒粉、冰糖、水煮開後，慢慢熬煮約1小時，放下步驟2炒過的紅蔥頭拌勻續煮約20分鐘即可。

台式炸醬

【材料】

胛心豬絞肉	350g	豆瓣醬	30g
五香豆干	150g	醬油	20g
沙拉筍	80g	冰糖	5g
香菇	50g	白胡椒粉	2g
蝦米	30g	水	100mL
蒜頭	20g	米酒	15mL
青蔥白	12g	太白粉水	適量
甜麵醬	45g	蔬菜油	15mL

如何保存

豆干炸醬室溫下可放1天，冷藏1週。

豆干炸醬

【作法】

1_ 五香豆干、沙拉筍、香菇切成丁，蝦米泡過水濾乾切碎，蒜頭、青蔥白切碎。

2_ 起鍋放入蔬菜油，先煸炒一下胛心豬絞肉，之後加入蝦米、蒜頭、青蔥白碎拌炒，再放入香菇、沙拉筍、五香豆干丁。

3_ 接著倒下米酒、醬油、甜麵醬、豆瓣醬、冰糖、白胡椒粉、水，煮開後轉小火繼續煮35分鐘，再用太白粉水勾芡即可。

【材料】

乾香菇	120g	醬油	15g
炸豆包	200g	素蠔油	15g
西洋芹	60g	冰糖	5g
沙拉筍	50g	水	100mL
粉薑	15g	太白粉水	適量
甜麵醬	30g	蔬菜油	15mL
豆瓣醬	15g		

如何保存

香菇素肉燥醬在室溫下可放1天，冷藏1週。

香菇素肉燥醬

【作法】

1_ 乾香菇先泡軟切丁，炸過的豆包、西芹、沙拉筍切丁，薑切碎。

2_ 起鍋放入蔬菜油，以中火先炒香香菇、薑、沙拉筍、西芹、豆包。

3_ 再放入醬油、甜麵醬、豆瓣醬、素蠔油、糖、水拌均勻，煮開後轉小火繼續煮約20分鐘，之後用太白粉水勾芡即可。

Part
2

― 調合調味品

深沉濃郁的黃豆發酵香氣

Miso

味噌

〈 醃漬 燒烤 炒 做醬 煮湯 〉

白味噌

紅麴味噌

紅味噌

味噌的種類多元，尤其在日本，許多地區都有獨具特色的味噌，如宮城縣的仙台味噌、長野縣的信州味噌、愛知縣的八丁味噌、鹿兒島縣的薩摩味噌等。

常有人問：「台灣味噌和日本味噌的差別是什麼？」其實原料上大同小異，主要在於添加水量、鹽量與發酵麴菌的差別，通常台灣味噌的發酵速度較快，而日本味噌的用鹽量較高，種種要素使得台日兩國的味噌風味各具特色。

除腥增味 以味噌醃漬肉類或煮魚湯，味噌歷經了發酵熟成，自然醞釀出溫潤、醇厚的滋味，能發揮去除腥味的效果，讓料理更加鮮美。

各式料理 味噌的用途極廣，除了煮味噌湯，田樂燒也是塗了特製味噌醬的日式經典料理。一般來說，紅味噌（赤味噌）較適合煮湯、炒肉、醃漬和調醬，而白味噌常用於醃漬魚類、煮湯，用法沒有標準答案，依喜好選擇即可。

〈 保存要訣 〉

• 使用乾燥、乾淨的餐具挖取，並依包裝說明保存，開封後請收入冰箱冷藏，在期限內食用完畢。

• 味噌久放顏色會變暗、變深，這是與空氣接觸氧化的結果，如擔心變質，可將上層刮掉取用下層味噌，但若發出異味或發霉則應丟棄。

挑選技巧

1 味噌的品項、種類琳瑯滿目，請依喜好選擇，從實際經驗觀察，多數台灣消費者對白味噌的接受度較高。

2 市售味噌以袋裝或盒裝居多，較無氧化或汙染的疑慮，桶裝味噌雖可視需求舀取秤重，優點是能少量試味道，合胃口再買，但仍應留意品質與保存狀況。

Tips_

如果要醃海鮮，調醬時可多放話梅或有湯汁的紫蘇梅一起醃泡，幫助去除海鮮的腥味。

A

B

C

Tips

八丁味噌屬紅味噌的一種，顏色和風味都很濃郁，若買不到八丁味噌，可用紅味噌取代再調味。柴魚高湯以「厚柴魚片：水＝15g：1L」的比例，燜煮約15分鐘後過濾即為高湯。

Tips_

味噌燒烤醬使用了易酸壞的蘋果泥，建議視所需份量製作就好，多的醬也不適合冷凍，味道會變調。酒糟是釀酒剩餘的原料，可用酒釀替代，超市或傳統市場、雜貨舖都能買到。

166

A 味噌醃醬

使用白味噌

沾醬 燒烤 海鮮 魚肉 雞肉 豬肉 牛肉 蔬菜 麵飯 甜品 飲料

材料

白味噌	20g
味醂	45mL
黃砂糖	5g
米酒	15mL
蒜頭	15g
水	100mL

如何保存

可事先做起來隨時取用。做好的醃醬室溫下可放置3-4天，冷藏2-3週，冷凍2-3個月。

作法

蒜頭磨成泥，與其他材料全部拌在一起調合均勻即可。

B 味噌豬排醬

使用八丁紅味噌

沾醬 燒烤 海鮮 魚肉 雞肉 豬肉 牛肉 蔬菜 麵飯 甜品 飲料

材料

八丁味噌	50g
柴魚高湯	200mL
黃砂糖	10g
米酒	15mL

如何保存

可事先做起來隨時取用。做好的豬排醬室溫可放3-4天，冷藏2-3週，冷凍2-3個月。

作法

將八丁味噌和柴魚高湯拌均勻，再加入砂糖、米酒，用小火煮開即可。

有趣小知識！味噌種類怎麼分？

簡單來説，可從「主要原料」、「研磨粗細」、「顏色深淺」、「不同風味」四個面向區分：

主要原料 分豆味噌、米味噌、麥味噌、調合味噌，原料蒸熟後加入麴菌和鹽拌勻靜待發酵熟成。

研磨粗細 成品依研磨顆粒粗細，有粗味噌、細味噌、粒味噌之差異。

顏色深淺 以白味噌（淡色味噌）與紅味噌為主，顏色除了受原料影響，也和熟成時間長短有關，時間越長顏色越深、風味也更醇厚，知名的八丁味噌就經過兩年以上的歷練，所以色澤近深咖啡色，滋味濃重醇郁。

不同風味 分甘口（偏淡、偏甜）和辛口（偏鹹），另有鰹魚風味、昆布風味之分別。

C 味噌燒烤醬

使用白味噌

沾醬 燒烤 海鮮 魚肉 雞肉 豬肉 牛肉 蔬菜 麵飯 甜品 飲料

材料

白味噌………30g

蘋果汁………100mL

蘋果泥………30g

酒糟………30g

米酒………15mL

如何保存

使用前適量製作即可。做好的燒烤醬於室溫下可放置3小時，冷藏1週。

作法

所有材料全部拌在一起調合均勻即可。

味噌鮭魚豆腐鍋

使用白味噌

材料

鮭魚頭（剁塊）…350g

油豆腐………120g

美白菇………60g

洋蔥………50g

高麗菜………50g

紅蘿蔔………10g

老薑………15g

蒜頭………10g

奶油………10g

白砂糖………5g

柴魚花………30g

青蔥………10g

白味噌………30g

水………1.5L

七味粉………適量

作法

1_ 生鮮食材洗淨，將油豆腐切塊、美白菇切段，洋蔥、高麗菜、紅蘿蔔、薑、青蔥切絲，蒜頭切片備用。

2_ 水放入鍋中煮開，加柴魚花煮約15分鐘後過濾，留下柴魚湯備用。

3_ 另備一鍋，放入奶油炒香，下洋蔥、薑、蒜頭、美白菇、紅蘿蔔、高麗菜拌炒再加入砂糖。

4_ 倒入柴魚高湯等煮開後放白味噌，轉小火，再加鮭魚頭塊、油豆腐，慢慢煮熟，最後將湯料盛碗，並放上青蔥絲、撒七味粉即可。

Tips_

煮味噌湯時，切記味噌不能一開始就放入，否則
經過久煮會失去豆香和味道！

味噌類 ｜ 基礎調味品 ｜ 調合調味品 ｜ 常用辛香料 ｜

Column

〈 餐餐少不了味噌湯 〉

鮭魚味噌湯

【材料】
白味噌　25g
紅味噌　25g
鮭魚肉塊　100g
板豆腐　50g
老薑　5g
味醂　15g
台灣芹菜　5g
水　400mL
柴魚片　10g

【作法】
1_ 板豆腐切丁、薑切絲、台灣芹菜去葉切末。
2_ 水放入鍋內，加柴魚片煮約10分鐘後過濾，加薑絲、味醂煮開後轉小火，再加白味噌和紅味噌在湯裡攪散調勻。
3_ 接著放入鮭魚塊慢火煮熟，之後加豆腐丁，最後撒上芹菜末即可。

海帶芽味噌湯

【材料】
白味噌　50g
乾海帶芽　10g
柴魚片　10g
青蔥　5g
水　400mL

【作法】
1_ 青蔥洗淨切成蔥花，備用。
2_ 水放入鍋內，加柴魚片煮約10分鐘後過濾，加乾海帶芽煮開後轉小火，接著放味噌在湯裡攪散，煮滾再撒點蔥花即可。

小魚乾味噌湯

【材料】
小魚乾　15g
板豆腐　50g
白味噌　50g
柴魚粉　15g
乾海帶芽　10g
青蔥　5g
水　400mL

【作法】
1_ 小魚乾洗淨，板豆腐切小丁、青蔥切蔥花。
2_ 將水倒入鍋內，放小魚乾、乾海帶芽、柴魚粉，煮開後轉小火，再放白味噌攪散。
3_ 加豆腐丁、青蔥花，煮開即可關火。

鮮蔬味噌湯

【材料】
鴻喜菇　50g
白蘿蔔　30g
紅蘿蔔　30g
牛蒡　20g
豆皮　20g
白味噌　50g
台灣芹菜
（去葉）　5g
水　400mL

【作法】
1_ 食材洗淨，牛蒡用刀背去皮切片，紅白蘿蔔去皮切片，豆皮切片、芹菜切末、鴻喜菇切段。
2_ 起鍋放入鴻喜菇乾炒出香味，再加牛蒡、紅白蘿蔔片、水，煮開後轉小火。
3_ 加白味噌攪散，煮至蔬菜熟軟再放豆皮、芹菜末即可。

野菇味噌湯

【材料】
新鮮香菇　60g
秀珍菇　60g
美白菇　50g
鮑魚菇　50g
老薑　10g
油豆腐　60g
白味噌　50g
水　400mL
青蔥　5g

【作法】
1_ 食材洗淨，新鮮香菇、鮑魚菇切絲，秀珍菇、美白菇切段，薑切絲、油豆腐切丁、青蔥切蔥花。
2_ 起鍋加熱，放入香菇、秀珍菇、美白菇、鮑魚菇等乾鍋炒軟，再加薑絲拌炒。
3_ 水煮開後轉小火，加入白味噌攪散，接著放油豆腐丁，煮熟後撒青蔥花即可。

蛤蠣味噌湯

【材料】
蛤蠣　15粒
白味噌　30g
乾海帶芽　5g
白蘿蔔　15g
板豆腐　50g
青蔥　5g
水　400mL
柴魚粉　15g

【作法】
1_ 白蘿蔔洗淨削皮切成薄片，板豆腐切丁、青蔥切末，蛤蠣泡水吐沙，備用。
2_ 水煮開後加乾海帶芽、柴魚粉，煮出味道再放白蘿蔔片。
3_ 轉小火放白味噌攪散，再下蛤蠣待殼開加豆腐丁和青蔥末即可。

Soybean Paste
〈 韓式大醬 〉

熱炒 涼拌 燉煮 調醬

發酵後色香誘人的道地韓味

韓式大醬又稱韓式豆醬或韓式味噌醬，以炒熟的黃豆（大豆）加入鹽水自然發酵而成，呈黃褐色，具濃稠度、醬香味鹹，是韓國家戶戶必備的調味料，地位等同於日本人廚房裡的味噌。

韓劇中每到用餐時間，一定少不了幾道涼拌菜、泡菜和湯，而這個湯，常常是指以大醬煮成的海帶湯，對韓國人來說是重要的餐桌日常。在韓國，大醬口味及種類多達十幾種，區分產地、發酵時間、發酵方法等，甚至出現調味口味，發酵時間

從一年、兩年至三年都有，時間越長水分越乾、色澤偏深，氣味也會越來越濃郁、鹹味重，價錢自然更高。較大眾口味的俗稱農村大醬，發酵時間只需幾個月，口味清淡，鹹中略帶甜味。

帶來飽足感 韓式大醬的特色是脂肪含量少、熱量低,含有豆類粗纖維,多食用能增加飽足感。

快煮好湯 韓式大醬以大火快煮最美味,最常用來烹煮大醬海帶湯,滾沸即可關火,以免越煮越鹹。

調製包醬 除了煮湯、煮菜,也可再和其他醬料調合成包醬,搭配生菜或烤肉或白飯一起吃,又鹹又香很有滋味。

有顆粒感

挑選技巧

1 台灣幾乎無法買到手工製作的韓國大醬,但超市或食材行都有韓國進口的盒裝大醬可以選購。

2 大醬多半以棕色盒罐盛裝(紅盒為韓式辣醬、綠盒為韓式包飯醬),請選擇有信譽的大品牌,並注意保存期限及添加物多寡。

韓式包飯醬

〈 保存要訣 〉

• 開封前可置於不會被太陽直曬的陰涼乾燥處常溫保存,但台灣的天氣較潮濕炎熱,一旦開封務必收進冰箱冷藏。

鮮蔬大醬湯_

材料

洗米水⋯⋯1.5L
韓式大醬⋯⋯80g
馬鈴薯⋯⋯60g
櫛瓜⋯⋯50g
金針菇⋯⋯25g
青蒜⋯⋯12g
小魚乾⋯⋯15g
乾昆布⋯⋯15g
洋蔥⋯⋯40g

板豆腐⋯⋯120g
綠辣椒⋯⋯12g
韓式辣醬⋯⋯20g

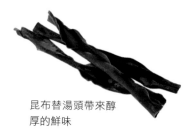

昆布替湯頭帶來醇
厚的鮮味

作法

1_ 馬鈴薯去皮切丁，櫛瓜、洋蔥、青蒜、板豆腐切
   丁，金針菇對切兩段，綠辣椒切片，備用。

2_ 取鍋放入洗米水、乾昆布、小魚乾，煮開後加洋
   蔥、馬鈴薯、櫛瓜、綠辣椒、金針菇慢煮。

3_ 再放韓式大醬和辣醬拌勻後，加青蒜、豆腐，用
   慢火煮至蔬菜熟即可。

Tips_
傳統的韓國大醬湯,會用第三次的洗米水烹煮,
增加稠度和香氣,煮出來的滋味特別好。

Hot Pepper Paste
韓式辣醬

醃漬 煮湯 拌飯 熱炒 調醬 蔬菜沾醬

韓式辣醬也稱苦椒醬，是以穀物為主原料，添加辣椒粉、食鹽、麥芽糖、紅麴、食用酒精等成分製作而成，是韓國人必備的傳統調味料聖品，擁有誘人的鮮紅色澤，因含有糖的成分所以味道鮮香微甜，口味不死鹹、不麻辣，可以直接沾或拿來烹飪料理，容易掌控鹹度與

辣度，廚房裡絕對不可少了它相伴。

隨著韓流在台風行，要購買韓式辣醬也相對變得容易，在一般超市、大賣場、進口超市的醬料區，或到韓國街、專售韓國食品的店舖等，都可以輕鬆買到各式各樣的韓國調味料。

鮮紅火辣的口味 韓國人熱愛辣的口感,幾乎所有料理都能加入韓式辣醬,味道辣而不麻,常用於辣炒年糕、辣炒雞、泡菜鍋等菜餚,扮演提供色香味的要角。

去腥提鮮 韓式辣醬能對海鮮去腥提鮮,以辣醬調製的生海鮮醃醬會增添鹹鮮的海洋風味,製作醃花枝、醃章魚、醃螃蟹等冰涼小菜,爽口開胃到白飯一碗接一碗。

〈 保存要訣 〉

• 開封前可置放在陰涼乾燥、不會被太陽直曬處常溫保存。開封後建議收進冰箱冷藏保存,並盡快使用完畢。

Check!
挑選技巧

1 在台灣買到韓式辣醬一點也不難,許多超市、賣場、專賣店都有韓國進口的盒裝辣醬可以選購,請選擇有信譽的大品牌,並注意保存期限及添加物多寡。

2 若是初次嘗試烹調或用量不大,建議優先購買小盒裝,試試味道且容易保鮮。

韓式醬類 ― 基礎調味品 ― 調合調味品 ― 常用辛香料 ―

Tips_
白芝麻以熱鍋不放油乾炒，香味才會出來，冷卻
後再加進醬汁裡。如醬汁打算放冷凍、冷藏，建議
白芝麻吃之前再加才能保留口感。

韓式冷麵拌醬

材料

韓式辣椒醬⋯⋯60g

韓國辣椒粉⋯⋯10g

醬油⋯⋯⋯⋯⋯10mL

果糖⋯⋯⋯⋯⋯15mL

白醋⋯⋯⋯⋯⋯60mL

白砂糖⋯⋯⋯⋯5g

蒜泥⋯⋯⋯⋯⋯5g

韓式芝麻油⋯5mL

白芝麻⋯⋯⋯⋯5g

如何保存

可事先做起來隨時取用。做好的冷麵拌醬於室溫下可放置3-4天，冷藏2-3週，冷凍2-3個月。

作法

把所有材料全放進鋼盆裡攪拌均勻至溶解即可。

韓式醬類 ― 基礎調味品 ― 調合調味品 ― 常用辛香料 ―

辣炒年糕_

材料

韓式年糕條——250g

洋蔥————50g

青蔥————20g

高麗菜————80g

蒜頭————10g

韓式辣醬————30g

醬油————10mL

韓式辣椒粉————10g

白砂糖————10g

水————200mL

蔬菜油————15mL

作法

1_ 年糕先用熱水煮軟再濾乾水分。青蔥切段、蒜頭
切片，洋蔥、高麗菜切絲，備用。

2_ 將韓式辣醬、醬油、辣椒粉、白砂糖、水混合攪
拌均勻。

3_ 起鍋先放入蔬菜油炒香蒜片、洋蔥，再加年糕、
醬汁，煮開讓醬汁逐漸被年糕吸收，再放高麗
菜、青蔥拌炒均勻即可。

Tips_

依個人喜愛增減醬汁用量，如果喜歡辣味可多加
些辣椒粉。韓國人也會在煮年糕時加入薄魚板切
片，如果買不到可用甜不辣片替代。

Rice Koji

米麴

醃漬 調醬 各式烹調

自然發酵的健康調味料

鹽麴

米麴

米麴是製作鹽麴的主要原料，呈乾燥的鬆散顆粒狀或固體塊狀，放大近看可發現表面佈滿白色菌絲。米麴本身無法單獨調味，必須和米麴、鹽及水加在一起拌勻，經一至二週發酵熟成後即製成鹽麴，還可製作醬油麴、甘麴、甘酒、味噌等發酵食品，用途廣泛。

鹽麴也稱鹽糀，呈米白色、微黃色，質地濃稠，因為經過發酵所以散發淡淡酒香、鹹中帶甜，在日本的家庭料理中應用相當普遍，常用以取代鹽或醬油，發揮調味或醃漬的效果，讓料理的滋味更有層次。

(醃漬食材) 鹽麴雖不同於鹽,卻常用以取代,秘訣在於鹽麴的鹹度稍低、味道更溫潤醇厚,拿來醃漬小黃瓜等涼拌菜清爽可口。

(軟化肉質) 鹽麴的麴菌含分解酵素,能分解蛋白質達到軟化肉質之效,同時豐富食物的層次、提升味覺鮮美度,帶有回甘風味。

(料理調味) 可視為代替鹽的甘醇醬料,應用於料理調味上不僅增加鹹度,更能提引出食材原味,讓菜餚更美味。

〈 保存要訣 〉

• 市售瓶罐裝鹽麴開封後請冷藏,冷藏約保存半年,並盡快食用完畢。

• 自製鹽麴做好後請冷藏,使用時以乾淨、乾燥的餐具挖取,並應盡快食用完畢。

挑選
技巧

1 市面有販售乾燥米麴顆粒,消費者可買回家自行調配鹽麴,更經濟實惠;也可在超市、食品行購得現成的罐裝鹽麴。

2 各家鹽麴的鹹度、風味各有千秋,可隨喜好挑選,喜歡嚐鮮者,另有大蒜、羅勒等不同風味可供選擇。

麴類
|
基礎調味品
|
調合調味品
|
常用辛香料
|

自製鹽麴

第13天,米粒逐漸糊化。

隨著時間越久,米粒越化開,味道也越甘醇。

A

B

Tips_

這裡使用乾燥米麴顆粒，在日系食材店或網路上
可購買到。製作鹽麴時，每天都要開瓶攪拌幫助
發酵，攪拌時請用乾淨餐具，以免變質、產生異
味或發霉。

A 自製鹽麴_

醃漬 燒烤 海鮮 魚肉 雞肉 豬肉 牛肉 蔬菜 麵飯 甜品 飲料

材料

乾燥米麴……100g

天然海鹽……35g

水……………200mL

如何保存

可事先做起來隨時取用。鹽麴製作完成應冷藏，可保存3-6個月。

作法

1_ 準備乾淨的大碗，先放入乾燥的米麴顆粒，再加入鹽稍微搓揉拌勻，接著倒微溫約30-35℃的水，繼續攪拌數分鐘至鹽溶解。

2_ 準備消毒好的乾燥玻璃瓶，把拌好的鹽麴裝入，置於室內常溫處7-14天（視當時氣溫影響時間長短）。瓶蓋不要鎖緊，每天開瓶用乾淨湯匙翻攪一下，待逐漸糊化呈稀飯狀即可鎖緊蓋子，放入冰箱冷藏。

B 鹽麴沙拉醬_ 延伸製作

沙拉 燒烤 海鮮 魚肉 雞肉 豬肉 牛肉 蔬菜 麵飯 甜品 飲料

材料

鹽麴……………5g

橄欖油…………90mL

檸檬汁…………30mL

研磨黑胡椒碎……適量

如何保存

使用前適量製作即可。鹽麴沙拉醬於室溫下可放置2小時，冷藏1-2天。

作法

鹽麴和檸檬汁一起攪拌，再慢慢加入橄欖油拌勻，最後放研磨黑胡椒碎即可。

材料

小黃瓜‥‥‥‥360g

鹽麴‥‥‥‥‥60g

作法

1_ 小黃瓜洗淨擦乾，用刨刀刨成長片，將鹽麴
   塗抹於小黃瓜上，冷藏約一天等待入味。

2_ 第二天用涼開水稍微沖淡鹽麴，擦乾後捲起
   來即可食用。

鹽麴小黃瓜_

Tips_

用鹽麴替代鹽，小黃瓜清甜脆口的滋味更被突
顯，也可放在密封袋內均勻搓揉塗抹會更入味。

醬油麴_

延伸製作

醃漬　燒烤　海鮮　魚肉　雞肉　豬肉　牛肉　蔬菜　麵飯　甜品　飲料

材料

乾燥米麴⋯⋯300g
醬油⋯⋯⋯⋯600mL

如何保存

可事先做起來，想吃隨時取用。醬油麴在室溫下可放置3-5天，冷藏3-6個月。。

作法

1_ 準備一個附蓋的玻璃瓶，請事先將玻璃瓶以高溫熱水燙過消毒，擦乾或烘乾再使用。

2_ 將米麴裝入玻璃瓶內，接著加醬油攪拌後加蓋（不要蓋緊），放置常溫處7-14天，每天用乾淨湯匙攪拌，待米粒變成稀飯狀即可鎖緊蓋子送進冰箱冷藏。

Tips_

放置的地方溫度不能太高，避免鄰近瓦斯爐台或其他高溫處，每天都要開瓶攪拌幫助它發酵，攪拌時請用乾淨的湯匙，以免變質或發霉。醬油麴可替代醬油或鹽運用在菜餚調味，像烤鮭魚或其他料理，滋味甘醇不死鹹！

Red Yeast Rice
紅麴

各式烹調 糕點

中國人食用紅麴已有數千年的歷史，紅麴是利用麴母加入米中發酵而成的天然發酵食品，呈紅棕色或紫紅色，用以入菜更是福州人與客家人的傳統飲食習慣。

據本草綱目記載，紅麴具活血的效用，健脾、益氣、味甘、性溫是紅麴的特色，近年來其高營養價值與調節生理機能、促進新陳代謝、滋補養身的功能更是受到矚目，人們因此廣泛將紅麴與各式食品結合，常見如紅麴排骨、紅麴五花肉、紅麴香腸、紅麴發糕、紅麴饅頭、

紅麴餅乾等料理或製品，讓重視健康的現代人，有更多元的飲食選擇。

天然調味料 紅麴是天然的調味料,可用於煮湯、炒菜、炒飯麵、糕點及各式家常料理。

天然色素 紅麴蘊含漂亮的紅棕色,是難能可貴的天然色素,可廣泛運用於食品著色,如取代紅色色素製作紅色湯圓、紅麴年糕。

醃漬食材 多數食材都適合以紅麴醃漬再料理,常見如三層肉或魚、雞、豆腐。

〈 **保存要訣** 〉

• 未開封前可置於常溫保存,開封後則需收進冰箱冷藏,保存期限請參考包裝標示為準。

Check!

挑選技巧

1 建議選購知名度高、信譽良好、品管嚴格的優良廠商所製作的紅麴。

2 以鼻聞,好的紅麴略帶酒香及淡淡的米香氣味。

紅麴燒肉_

材料

豬五花肉⋯⋯350g

老薑⋯⋯⋯⋯15g

青蔥白⋯⋯⋯15g

八角⋯⋯⋯⋯2粒

紅麴醬⋯⋯45g

醬油⋯⋯⋯⋯25mL

水⋯⋯⋯⋯⋯350mL

作法

1_ 食材清理乾淨，薑切片、青蔥白切段、五花肉切厚片。

2_ 起鍋將五花肉片放入鍋裡，用中火煎至兩面金黃。

3_ 放薑片、蔥白、八角拌炒，接著加入紅麴醬、醬油炒出醬香，再倒水煮開後轉小火，加蓋燜煮約40分鐘至肉質軟爛即可。

紅糟與紅麴的不同

台灣的庶民小吃紅糟肉，使用的紅糟是以釀紅麴酒剩餘的酒粕加工製成──在熟糯米中拌入紅麴跟食用酒精（或酒麴粉）再次發酵製成。紅糟也同樣具有天然的紅色色素，在味道上帶酒香和微酸氣息，和紅麴略有不同。

Tips_

近年紅麴因保健功效而風行，紅麴醬在一般超市
賣場即可購得。燒肉時要加蓋轉小火燜煮，肉質
才會軟爛好吃。

Black Sesame Paste
〈 黑芝麻醬 〉

調醬 甜品 飲料

天然養生，香氣豐厚富鈣質

黑芝麻醬以黑芝麻磨碎製成，帶有濃厚馥郁的芝麻香氣。因為含豐富油脂、維生素 B 群、多種人體必須的胺基酸與鈣質，所以深受人們喜愛，中醫典籍裡更載明，黑芝麻屬性滋補，能使秀髮烏黑、養顏美容，具補腎、明目、通便之效。

黑芝麻製成的黑芝麻醬，保留了豐富的營養價值，若每日適當融入餐食中，不僅能作為調味品，提供飲食更多元的變化，也對健康有所助益，但由於芝麻的熱量高，因此仍不得過量食用。

〈 **功能應用** 〉

（沾醬及抹醬）黑芝麻本身香氣獨特且濃郁，雖有些微苦澀味，但磨製成黑芝麻醬後苦澀味較不明顯，適合與其他調味料一起製作成沾醬，也可加入糖或蜂蜜，變成麵包、饅頭的抹醬。

（調製飲品）黑芝麻磨成細粉或是單純的原味芝麻醬，適合加入穀物飲品裡，變成芝麻糊、芝麻紫米粥等，或是調入牛奶增添風味，同時獲取更多營養。

（製作甜點）黑芝麻醬可製作成芝麻風味的甜點，或者變成美味的餡料，尤其適合製成中式小點，如芝麻湯圓、芝麻鬆糕、芝麻車輪餅等。

〈 **保存要訣** 〉

• 黑芝麻含多元不飽和脂肪酸，若儲存不當易造成脂肪氧化劣變，產生自由基。因此，儲存黑芝麻醬時請確認瓶蓋密封，並存放於避免光照和高溫的陰涼處，如欲收進冰箱冷藏亦可。

• 挖取芝麻醬請使用乾淨、乾燥無水氣的湯匙。

挑選技巧

1 可挑選經低溫烘焙研磨而成的芝麻醬，營養較不會因高溫受破壞。

2 購買前可了解芝麻的產地，並選擇聲譽良好的優良品牌。

3 眼觀醬色黑而光亮、細膩油滑、濃稠適中，嗅聞帶有醇厚的芝麻香氣。

芝麻類 — 基礎調味品 — 調合調味品 — 常用辛香料 —

White Sesame Paste
白芝麻醬

涼拌 拌麵 調醬

黑芝麻與白芝麻分屬不同的品種，白芝麻帶有更多油脂，經研磨製成的白芝麻醬呈咖啡色，香味豐厚柔順、入口回甘、口感細緻綿密。

中式、日式料理中，常使用白芝麻醬做豆腐、燙菠菜、燙秋葵、涮豬肉片、涼麵的調味淋醬，而中東芝麻醬（Tahini）的主要原料也是白芝麻，做法是以去殼白芝麻磨輾成細緻、充滿堅果香氣的醬，廣泛運用於中東、北非、希臘的菜餚裡，可見白芝麻醬的好滋味，深受世界各地的人們喜愛。

增添香氣與風味 白芝麻醬是素食料理的重要調味，可用於涼拌蔬菜、涼拌粉皮、芝麻豆腐等。

拌麵醬 麻醬麵是傳統的家常麵食，香濃的白芝麻醬是精髓，和少許醬油、烏醋調勻，或隨喜好加入一點糖和辣油，就是香濃好吃的家常麻醬了，再加些蒜蓉和花生粉，還能調成夏日最愛的開胃涼麵醬。

製作沾醬 芝麻醬可與其他調味料多元搭配，例如醬油、味噌、烏醋、白醋等，自創清爽口味的沾醬。

Check!
挑選技巧

1 可挑選經低溫烘焙研磨而成的芝麻醬，營養較不會因高溫受破壞。

2 好的白芝麻醬香氣豐富，色澤呈咖啡色，細膩油滑、濃稠適中。

3 購買前可了解芝麻的產地，並選擇聲譽良好的優良品牌。

〈 保存要訣 〉

• 開封後盡速於6個月內使用完畢，存放時請確認瓶蓋密封，並存放在避免光照和高溫的陰涼處，如欲收進冰箱冷藏亦可。

• 挖取芝麻醬請使用乾淨、乾燥無水氣的湯匙。

芝麻類 — 基礎調味品 — 調合調味品 — 常用辛香料 —

Tips_

炎炎夏日沒食慾？清爽開胃的涼麵
是個好選擇！可依個人喜好調整醋
和醬油的比例，或加入辣椒末、辣油
增添風味。

B

A

Tips_

可依個人喜好的口味調配，有的人喜
歡酸一點，也可自行加入白醋或檸
檬汁。

A 黑芝麻蔬菜沾醬

使用黑芝麻醬

醃漬　燒烤　海鮮　魚肉　雞肉　豬肉　牛肉　**蔬菜**　麵飯　甜品　飲料

材料

黑芝麻醬——60g
白砂糖——5g
醬油——15mL
七味粉——適量
熟白芝麻——適量

如何保存

使用前適量製作即可。蔬菜沾醬在室溫下可放置2小時，冷藏2-3週。

作法

將黑芝麻醬、砂糖、醬油攪拌調勻至砂糖溶解，撒上七味粉、熟白芝麻即可。

B 台式涼麵醬

使用白芝麻醬

醃漬　燒烤　海鮮　魚肉　雞肉　豬肉　牛肉　蔬菜　**麵條**　甜品　飲料

材料

白芝麻醬——90g
醬油——45mL
烏醋——30mL
蒜頭——5g
香油——10mL
味醂——15mL
冷開水——100mL
辣油——5mL
花生粉——15g

如何保存

可事先做起來，想吃隨時取用。涼麵醬在室溫下可放置1天，冷藏2週。

作法

蒜頭去皮磨成泥，和所有的材料混合攪拌均勻即可。

Ketchup

番茄醬

沾醬　各式烹調

充滿茄紅素，散發成熟果實的均衡酸甜

番茄的水分多、質地軟，因為保存及運送不易，人們開始思考如何延續它的滋味，衍生出番茄醬問世，為現代飲食帶來革命性影響，改變數百萬人的飲食選擇。

市售的番茄醬多選用成熟的番茄製作而成，成熟的番茄滋味較柔和鮮甜、富天然果膠，同時也會加入醋、糖、鹽和其他辛香料調味。

除番茄醬外，市售亦有番茄糊、番茄膏、番茄沙司、番茄塊、整粒番茄等番茄製品，分別可用在製作披薩、

義大利麵紅醬、燉湯、燉菜、拌炒等用途，運用上非常便利，即便不是番茄的產季，我們仍能時時享用番茄的美味。

沾醬淋醬 番茄醬最常單獨做為沾醬及淋醬，在三明治或漢堡中加點番茄醬能豐富味道層次，也常用以當作炸物沾醬，適度酸甜可緩解油炸料理的油膩感。

增鮮提味 番茄醬擁有均衡的酸、甜、鮮味，料理可添加少量番茄醬提味，如茄汁口味的義大利麵及燉飯，此外也適合與蛋、肉類和海鮮等食材一同料理。

增加鮮豔色澤 番茄醬不僅鮮甜酸香，也擁有鮮豔的亮紅色澤，搭佐料理讓人食指大動，就像人見人愛的蛋包飯，怎能缺少番茄醬的點綴增色呢！

Check!
挑選
技巧

1 不同廠牌的番茄醬，調味、包裝略有差異，選購時請注意成分標示與保存日期，選擇不含人工甘味劑及化學添加物為佳。

2 若作為沾淋醬使用，選擇塑膠軟罐裝較方便擠壓，若是料理入菜用，則可選擇玻璃瓶或鐵罐包裝，但須注意罐裝外型是否完好無損。

〈 **保存要訣** 〉

• 開封後放置於冰箱冷藏，並於保存期限內使用完畢。

番茄醬 ── 基礎調味品 ── 調合調味品 ── 常用辛香料 ──

Tips_
煮番茄醬時要用小火慢慢熬煮,並且要不定時攪
拌,才不會燒焦黏鍋。

自製番茄醬_

沾醬 燒烤 海鮮 魚肉 雞肉 豬肉 牛肉 蔬菜 麵條 甜品 飲料

材料

牛番茄⋯⋯⋯600g

白砂糖⋯⋯⋯50g

嫩薑⋯⋯⋯20g

五香粉⋯⋯⋯3g

咖哩粉⋯⋯⋯5g

匈牙利紅椒粉⋯⋯⋯5g

白醋⋯⋯⋯50mL

鹽⋯⋯⋯適量

如何保存

可事先做起來，想吃隨時取用。自製番茄醬在室溫下可放置1個月，冷藏3-6個月。

作法

1_ 牛番茄洗淨在皮上劃十字，放入滾水中燙約1分鐘後撈起泡冷水，剝去表皮切塊備用。

2_ 薑磨成泥。另準備攪拌棒或調理機，將番茄塊放入打成泥，再倒進鍋子裡加熱。

3_ 分別加入薑泥、砂糖、五香粉、咖哩粉、紅椒粉、白醋、鹽調味，以小火煮至濃稠即可。

基礎調味品 — 調合調味品 — 常用辛香料 —

Tips_

海山醬跟番茄醬一樣,質地都
比較稠,煮的過程中要不停攪
拌才不會黏鍋。

A

B

Tips_

醬汁可依個人喜好調整,有的人也會加入剁碎的
香菜增添香氣。

A 五味醬

延伸製作

沾醬 燒烤 海鮮 魚肉 雞肉 豬肉 牛肉 蔬菜 麵飯 甜品 飲料

材料

自製番茄醬……60mL
青蔥……5g
嫩薑……5g
蒜頭……5g
烏醋……15mL
醬油膏……30mL
辣椒醬……15mL
白砂糖……5g
香油……10mL

如何保存

使用前適量製作即可。做好的醬在室溫下可放置2小時，冷藏2週。

作法

青蔥、薑、蒜頭都洗淨切成碎，再和其他材料攪拌均勻即可。

B 海山醬

延伸製作

沾醬 蚵仔煎 肉圓 魚肉 雞肉 豬肉 牛肉 蔬菜 麵飯 甜品 飲料

材料

自製番茄醬……90mL
醬油……90mL
辣椒醬……90mL
白砂糖……135g
味噌……90g
甘草粉……5g
水……400mL
在來米粉……45g

如何保存

可事先做起來，想吃隨時取用。海山醬在室溫下可放置1個月，冷藏3-6個月。

作法

1_ 準備一個鍋子，先把水、在來米粉放入鍋中攪拌，以小火慢煮。

2_ 再慢慢加入味噌、甘草粉、砂糖、醬油、番茄醬、辣椒醬攪拌均勻，煮滾關火放涼即可。

材料

中卷⋯⋯⋯250g

嫩薑⋯⋯⋯15g

青蔥⋯⋯⋯12g

米酒⋯⋯⋯15mL

水⋯⋯⋯600mL

五味醬⋯⋯⋯60mL

作法

1_ 薑、青蔥洗淨切段或片拍打備用。水放入鍋中煮滾，加入薑片、蔥段和米酒。

2_ 中卷放入滾水中氽燙後撈起，切圈盛盤，五味醬以小碟盛裝放在旁即可。

Tips_

中卷大約在滾水裡燙10-20秒即可（視中卷大小決定），熟透即可不宜燙太久，以免肉質變硬。

Sweet Bean Sauce

甜麵醬

炒　煮　醬爆　燒烤　沾醬

鹹中甘甜，香氣十足促進食慾

甜麵醬，又稱甜醬或是京醬，是中國北方的傳統調味料，呈深咖啡色或暗紅褐色，以小麥麵粉、黃豆、鹽、糖為主原料，經多重發酵程序釀造製成。

由於甜麵醬的味道濃郁、鹹中帶甜，能替料理增添甜度、鹹味、鮮香、濃稠感，用途十分廣泛，我們熟悉的炸醬麵、北京烤鴨、京醬肉絲、回鍋肉等名菜，都少不了甜麵醬添香增色，味道鹹香順口、開胃下飯，是中華料理極具代表性的調味料。

市面上的甜麵醬品牌不少，甜一點、鹹一些各具特色，建議應多方品嚐，從中選出自己最喜歡的味道，舉凡醬爆、拌炒、紅燒、燒烤等料理都能派上用場，但要記得炒焙時不宜開大火，否則甜麵醬易生焦糊味，用量也不必太多，一兩匙就足以創造好滋味。

醬爆料理 鹹香夠味的醬爆料理，如京醬肉絲、醬爆雞丁等，必定都會加入甜麵醬拌炒，裹上了濃郁深褐色與鹹甜香氣，十分下飯。

製作炸醬 適合拌麵、拌飯的炸醬，運用甜麵醬與豆瓣醬、醬油、糖調味，並加入豆乾丁、豬絞肉與毛豆拌炒，香氣與口感兼具。

沾食烤鴨 令人垂涎三尺的烤鴨捲餅，甜麵醬是畫龍點睛的精髓，以大蔥沾抹甜麵醬到餅皮上，再把片好的烤鴨與蔥一齊包捲起來，是最經典的吃法。

〈 保存要訣 〉

• 甜麵醬保存期約為3個月，開封後應盡快使用完畢，未用完則置於冰箱冷藏。

• 請以乾淨、乾燥的湯匙挖取，甜麵醬勿沾到水以防變質發霉。

甜麵醬 — 基礎調味品 — 調合調味品 — 常用辛香料 —

Check!
挑選技巧

1 優質甜麵醬應呈深褐色或暗紅褐色，有油亮的光澤，無酸、苦、焦及其他異味，醬的黏稠適度、內無雜質，散發濃厚的醬香。

京醬肉絲_

材料

豬里肌肉……200g

蒜頭……10g

嫩薑……10g

青蔥……30g

甜麵醬……45g

醬油……25mL

紹興酒……45mL

黃砂糖……5g

麻油……10mL

太白粉……15g

水……45mL

蔬菜油……15mL

作法

1_ 食材清洗乾淨，蒜頭、薑切碎，青蔥切絲備用。

2_ 豬里肌肉切絲，加醬油10mL、紹興酒15mL、水
和太白粉拌勻醃15分鐘。

3_ 炒鍋放油，將醃過的肉絲炒至半熟，取出備用。

4_ 同一鍋先放薑、蒜碎炒香，再加甜麵醬用小火炒
出香味，接著倒醬油、砂糖、紹興酒煮開。

5_ 放入肉絲，轉大火翻炒並加入麻油拌勻。

6_ 青蔥絲鋪在盤底，放上炒好的京醬肉絲即可。

Tips_

青蔥絲切好後，可沖泡涼開水除去辛嗆味，同時
可使蔥絲自然捲起。

甜麵醬 — 基礎調味品 — 調合調味品 — 常用辛香料 —

Chinese Barbecue Sauce

〈 沙茶醬 〉

炒　燒烤　沾醬

鹹鮮香兼具，沙沙的絕妙口感

沙茶醬盛行於廣東、台灣、馬來西亞等地，據傳源於東南亞的沙嗲醬，在各處開枝散葉後，調整配方做法略有不同。傳統的沙茶醬製程繁複講究，需先將各項食材分別切碎，經曝曬、烘乾、研磨、過油等多道工序，再加入辛香料調味，並藉由長時間小火煸炒，將食材的香氣充分融合。

現今沙茶醬的配方及作法百家爭鳴，依地區與品牌略有不同，但以台灣人喜愛的沙茶醬香氣口感為例，主要成分以花生、蝦米、扁魚、蒜頭、胡椒、五香粉、辣椒、油等為主，是一種融合香、辣、甜、鹹的醬料，蝦米和扁魚的鮮香味濃郁和順，帶渣的沙沙口感是一大特色。至於沙嗲醬的口味偏甜、辛辣、富花生或椰子口感跟香氣，味道和沙茶醬十分不同。

拌炒菜餚 以沙茶醬拌炒菜餚，不僅下飯也非常美味，食材可選擇一種肉類與一種蔬菜互相組合，例如：沙茶牛肉空心菜、沙茶蒜苗炒豬肉等都是常見菜色，口感融洽又營養均衡。

火鍋沾醬 以沙茶醬調合醬油、蔥、蒜與辣椒末等，或拌入生蛋黃，能調配出味道獨一無二的火鍋沾醬（小提醒：生食蛋黃有感染沙門氏菌食源性疾病的風險，如未確定蛋源、新鮮度和衛生條件，不建議生食雞蛋）。

沙茶炒麵 沙茶醬的味道豐富，易與各種食材搭配，簡單備齊高麗菜、紅蘿蔔、豬肉片等2~3種食材，加入沙茶醬和少量醬油、糖、食材及半熟麵條一起拌炒，香氣四溢的沙茶炒麵立刻輕鬆上桌！

〈 保存要訣 〉

• 未開封可常溫保存1年，開封後應置於冰箱，並於3個月內食用完畢。

• 如出現油耗味或漂浮異物則表示已變質，請勿食用。

沙茶醬 ｜ 基礎調味品 ｜ 調合調味品 ｜ 常用辛香料 ｜

Check!
挑選技巧

1 沙茶醬呈金黃色或咖啡色，濃稠油亮、味道香濃不刺激，沙沙的口感來自打碎的扁魚、蝦米和花生粉。

2 選購時應留意成分，避免防腐劑與其他化學添加物為佳。

Tips_
炒的過程中要不斷攪拌，以免黏鍋燒焦。
扁魚、蝦米、紅蔥頭、蒜頭也可用調理機
打碎，顆粒口感會比切碎的更細緻。

自製沙茶醬

沾醬 燒烤 海鮮 魚肉 雞肉 豬肉 牛肉 蔬菜 麵條 甜品 飲料

材料

扁魚⋯⋯⋯⋯20g

蝦米⋯⋯⋯⋯10g

紅蔥頭⋯⋯⋯10g

蒜頭⋯⋯⋯⋯10g

辣椒粉⋯⋯⋯7.5g

花生粉⋯⋯⋯20g

五香粉⋯⋯⋯7.5g

沙拉油⋯⋯⋯100mL

如何保存

可事先做起來，想吃隨時取用。做好的醬室溫下可放置1個月，冷藏3-6個月，冷凍1年。

作法

1_ 扁魚、蝦米放入烤箱烤至金黃酥脆，取出切碎備用；紅蔥頭、蒜頭也切碎備用。

2_ 鍋子放沙拉油，小火將紅蔥頭及蒜頭碎炒至金黃色後撈起，原鍋再放扁魚、蝦米碎拌炒。

3_ 加入花生粉、辣椒粉、五香粉，用小火炒出香味，接著放下炒好的紅蔥頭、蒜頭碎拌勻即可。

沙茶醬 ｜ 基礎調味品 ｜ 調合調味品 ｜ 常用辛香料 ｜

入烤箱烤至金黃酥脆

烤好的扁魚跟蝦米反覆切成細碎狀

沙茶炒牛肉_

材料

牛肉片…………250g
蒜頭…………5g
醬油…………15mL
自製沙茶醬…………20g
烏醋…………15mL
太白粉…………5g
空心菜…………120g
紅辣椒…………5g
香油…………5mL
蔬菜油…………15mL

作法

1_ 蒜頭、紅辣椒切碎，牛肉片用醬油和太白粉醃漬，空心菜切段備用。

2_ 鍋中倒入蔬菜油，加熱後先放下牛肉拌炒，再放蒜頭、紅辣椒碎、沙茶醬攪拌，接著放空心菜拌炒均勻，最後加些烏醋、香油提味即完成。

Tips_

空心菜可先汆燙過再跟牛肉拌炒，可保持蔬菜清
脆可口。

沙茶醬 ｜ ｜ 基礎調味品 ｜ 調合調味品 ｜ 菜用辛香料 ｜

Column

〈 台灣人最愛的火鍋沾醬 〉

天氣冷冷的、肚子餓餓的，覺得什麼都想嚐一點，想吃熱呼呼的東西暖暖胃？那就煮一鍋配料豐富的火鍋吧！現熬高湯加上季節時蔬、新鮮肉片、美味丸子，再搭配自己特調的獨門沾醬，每一口都吃得好滿足。

清爽泥醋醬

【材料】
白蘿蔔泥　15g
醬油　30mL
白醋　10mL

【如何保存】
使用前適量製作即可。
做好的醬室溫下可放1-2
小時，冷藏1天。

【作法】
將所有材料混合攪拌均勻即可。

經典沙茶醬

【材料】
沙茶醬　10g
花生粉　5g
醬油　30mL

【如何保存】
使用前適量製作即可。
做好的醬室溫下可放
2-3天，冷藏1-2週。

【作法】
將所有材料混合攪拌均勻即可。

傳統腐乳醬

【材料】
豆腐乳　25g
辣豆瓣醬　15g
醬油　10mL
冷開水　15mL
香油　5mL

【如何保存】
可事先做起來，想吃
隨時取用。做好的醬
在室溫下可放8小時，
冷藏2-3週。

【作法】
所有材料用果汁機或調理機打勻即可。

酸甜蘋果醬

【材料】
蘋果泥　15g
醬油　　30mL
白醋　　10mL
香油　　5mL
青蔥　　10g

【如何保存】
使用前適量製作即可。做好的醬室溫下可放2小時，冷藏1天。

【作法】
青蔥切碎，和其他材料全混合攪拌均勻即可。

酸辣泰式醬

【材料】
魚露　　20mL
檸檬汁　10mL
果糖　　5mL
蒜頭　　5g
紅辣椒　5g

【如何保存】
使用前適量製作即可。做好的醬室溫下可放2-3天，冷藏2-3週。

【作法】
蒜頭、紅辣椒切碎，和其他食材混合均勻即可。

勁辣香麻醬

【材料】
花椒粉　5g
烏醋　　10mL
醬油　　30mL
黃砂糖　15g
麻油　　10mL
辣油　　10mL

【如何保存】
使用前適量製作即可。做好的醬室溫下可放2-3天，冷藏2-3週。

【作法】
將所有材料混合攪拌均勻即可。

XO Sauce
XO醬

炒　拌　沾醬　直接食用

鮮美微辣的海鮮滋味躍然口中

XO醬屬於近幾十年才出現的調味醬料，一九八〇年代首先發源於香港的高級餐酒館，許多人常誤以為XO醬中一定添加了XO酒，才會以此命名，其實XO醬使用了珍貴高檔的食材，但其中不包含XO酒，取名代表這款醬料如同XO酒一樣風味極佳，是高級奢侈的享受。

製作XO醬的食材沒有一定的標準配方，通常會加入干貝（瑤柱）與金華火腿這兩種昂貴食材，佐以蝦米（或櫻花蝦）、辣椒等材料提味，以油加熱翻炒至熟透，

當作伴手禮。

也常被人們拿來用途廣泛，醬」等不同風味，「海鮮XO醬」、「烏金干貝XO滋味，市面可見「飛魚卵XO盛產的海鮮，有了不一樣的

在台灣，XO醬融入各地

味鮮美帶些微辣味。讓食材的味道充分融合，滋

218

(**下酒小食**) XO醬又鮮又香，保留了干貝彈韌、絲絲分明的口感，可直接佐餐或作為下酒小菜。

(**增鮮提味**) 廣泛運用於料理中，適合沾煮拌炒，如XO醬炒蘿蔔糕、XO醬炒三鮮等，讓美味更升級。

(**佐餐食用**) XO醬本身的味道與口感皆很豐富，因此可直接搭配麵食、粥品或中式鹹點一起食用。

〈 **保存要訣** 〉

• 真空狀態下可保存一年以上，請以瓶身標示為準。開封後應置於冰箱冷藏，並儘速食用完畢。

• 如出現腥臭味或油耗味則表示已經變質，請勿食用。

挑選技巧

1 請挑選真空封填之玻璃罐裝產品，並留意成分標示、產地。

2 因使用了多種珍貴食材與海鮮，應盡量選擇具口碑信譽的品牌產品。

3 XO醬各廠牌的用料與配方略有差異，也區分了不同的辣度，可依個人口味喜好挑選。

Tips_
拌炒食材不能用大火，否則很容易焦
黑、變苦，要用慢火慢炒，香味才會釋
放、顏色才會漂亮。

自製XO醬

沾醬 燒烤 海鮮 魚肉 雞肉 豬肉 牛肉 蔬菜 麵飯 蘿蔔糕 飲料

材料

乾干貝⋯⋯⋯250g

金華火腿⋯⋯100g

朝天椒⋯⋯⋯60g

紅蔥頭⋯⋯⋯60g

櫻花蝦⋯⋯⋯40g

蒜頭⋯⋯⋯⋯60g

蝦米⋯⋯⋯⋯40g

蠔油⋯⋯⋯⋯30mL

冰糖⋯⋯⋯⋯30g

醬油⋯⋯⋯⋯30mL

米酒⋯⋯⋯⋯250mL

蔬菜油⋯⋯⋯300mL

如何保存

可事先做起來，想吃隨時取用。做好的醬室溫下可放1個月，冷藏3-6個月。

作法

1_ 干貝浸在米酒中，入電鍋蒸至干貝變軟，再撕成絲備用。

2_ 金華火腿切小丁，入電鍋蒸軟放涼備用。

3_ 蝦米用水清洗再泡軟切碎，櫻花蝦洗淨備用。

4_ 朝天椒、紅蔥頭、蒜頭都切成碎。

5_ 起鍋放入蔬菜油，以小火先炒紅蔥頭、蒜頭、干貝絲、金華火腿、蝦米，慢火炒至金黃色。

6_ 再加入朝天椒、櫻花蝦、蠔油、冰糖、醬油，炒至醬汁水分收乾即可。

XO醬 ── 基礎調味品 ── 調合調味品 ── 常用辛香料 ──

XO醬炒蘿蔔糕

材料

蘿蔔糕⋯⋯⋯250g

豆芽菜⋯⋯⋯30g

紅蘿蔔⋯⋯⋯20g

蒜頭⋯⋯⋯⋯15g

青蔥⋯⋯⋯⋯15g

辣椒⋯⋯⋯⋯12g

XO醬⋯⋯⋯30g

醬油⋯⋯⋯⋯20mL

水⋯⋯⋯⋯⋯100mL

蔬菜油⋯⋯⋯45mL

作法

1_ 蘿蔔糕切塊、紅蘿蔔切絲、青蔥切段，蒜頭、辣椒切片，備用。

2_ 起鍋放蔬菜油煎蘿蔔糕，煎至兩面金黃先拿起。

3_ 再以原鍋放蒜頭、辣椒、紅蘿蔔絲略微拌炒，加水、XO醬，再放下煎好的蘿蔔糕煨煮。

4_ 湯汁收乾前加入醬油，放青蔥、豆芽菜拌炒均勻即可。

Tips_

港式餐廳的菜單，時常有「XO醬炒蘿蔔糕」這道
高貴不貴的平民美食，料理步驟並不難，小撇步
是醬油在起鍋前才加入拌炒，嗆出香味來。

XO醬 ｜ 基礎調味品 ｜ 調合調味品 ｜ 常用辛香料 ｜

223

Mayonnaise
〈 美乃滋 〉

沾醬 做醬 潤滑食物

發揮乳化作用，滑潤香甜的溫和口感

美乃滋也稱作蛋黃醬、沙拉醬，以植物油、鹽、蛋黃、檸檬汁或醋製成，透過快速攪打使油水混合成濃稠乳狀物，口感潤滑，外觀呈米黃色或淡黃色。

關於美乃滋的起源地有兩種說法，一說認為來自法國，另一說認為源於西班牙。美乃滋在西式料理中用途廣泛並且千變萬化，可以作為醬料的基底，輔以不同調味和香料，就變成另一種風味獨特的醬料，也常用以點綴料理外觀。

一般作法中，雞蛋只會使用蛋黃的部分，因為蛋黃擁有融合液態調味料的特性，在美乃滋中扮演重要的乳化媒介。時至今日，我們在各大超市賣場都能輕易買到條裝或瓶裝的美乃滋，美乃滋以滑順溫潤的口感，深刻融入我們的日常飲食裡。

潤滑乳化作用 三明治或漢堡常會在中間抹一點美乃滋,發揮潤滑乳化的作用,吃起來滑順不乾澀。

各式醬料基底 美乃滋是許多醬料的基底,例如塔塔醬,是將洋蔥、酸豆、醃黃瓜碎末、水煮蛋碎和美乃滋拌勻;而千島醬則是美乃滋與番茄醬調合而成。

佐餐或沾醬 美乃滋應用非常廣泛,適合作為蔬食或肉類的搭配醬汁,有時會依菜色將美乃滋調製成口味更豐富的佐餐醬,或是西班牙式的Tapas下酒小食,也常以美乃滋搭配薯條、薯片或麵包,作為沾醬使用。

Check!
挑選技巧

1 因蛋黃打散與油乳化後保存不易,因此市面上較少見採蛋黃製成的美乃滋,也可能因成本風味考量,使用品質稍差的植物油,或添加人工乳化劑或防腐劑,購買前應留意成分標示。

2 如經常使用,建議自行製作美乃滋更能常保新鮮與風味。

〈 保存要訣 〉

- 少數美乃滋開封前可置於常溫,但無論購買冷藏或常溫商品,開封後都應收入冰箱冷藏保存。

- 自製美乃滋務必盡快食用完畢,冷藏保存不可超過一週。

美乃滋 —— 基礎調味品 —— 調合調味品 —— 常用辛香料 ——

B

A

Tips_
番茄美乃滋就是千島醬，添加
的水煮蛋一定要煮到全熟，否
則醬汁不易保存，巴西里即為
荷蘭芹，如無新鮮巴西里用乾
燥的亦可。

A 自製美乃滋_

沙拉 沾醬 海鮮 魚肉 雞肉 豬肉 牛肉 蔬菜 麵包 雞蛋

材料

生蛋黃	2粒	檸檬汁	10mL
蔬菜油	250mL	白砂糖	5g
白醋	30mL	鹽	適量
黃芥末醬	10g	白胡椒粉	適量

如何保存

可事先做起來，想吃隨時取用。做好的醬室溫下可放2小時，冷藏1週。

作法

1_ 生蛋黃先打散，與黃芥末醬、糖、鹽、白胡椒粉及些許白醋混合。

2_ 用打蛋器攪打，同時慢慢倒入蔬菜油使其濃稠，拌打成型後，酌量加入剩下的白醋和檸檬汁調整稠度和味道。

B 自製番茄美乃滋_

延伸製作

沾醬 燒烤 醃漬 海鮮 雞肉 豬肉 牛肉 蔬菜 飯麵 生菜沙拉

材料

自製美乃滋	120g	洋蔥	15g
番茄醬	80mL	巴西里	3g
水煮蛋	30g	辣醬油（辣香酢）	5mL
酸黃瓜	20g	墨西哥辣椒水	3mL

如何保存

使用前適量製作即可。做好的醬室溫下可放2小時，冷藏1週。

作法

1_ 水煮蛋、酸黃瓜、洋蔥、巴西里都切成末，備用。

2_ 自製美乃滋、番茄醬、辣醬油、墨西哥辣椒水混合拌勻。

3_ 再把水煮蛋、酸黃瓜、洋蔥、巴西里加入拌勻即可。

美乃滋 — 基礎調味品 — 調合調味品 — 常用辛香料 —

Tips_

拌煮美乃滋時不能開大火，牛奶
加玉米粉一定要先調和均勻，不
然會結塊。

A

B

Tips_

可依個人喜好調整配方，喜歡
吃辣者多加點Tabasco增味，
鰻魚使用進口超市販售的油漬
鰻魚罐頭即可。

沾醬 燒烤 海鮮 魚肉 雞肉 豬肉 牛肉 蔬菜 沙拉 炸雞 雞蛋

材料

生蛋黃	2粒	鯷魚	5g
蒜頭	10g	墨西哥辣椒水	3mL
芥末籽醬	10g	黑胡椒粉	3g
紅酒醋	10mL	鹽	3g
檸檬汁	10mL	白砂糖	3g
酸豆	5g	橄欖油	250mL
梅林辣醬油	5mL	起司粉	10g

如何保存

使用前適量製作即可。做好的醬室溫下可放2小時，冷藏1週。

作法

1_ 蒜頭、酸豆、鯷魚切末，與芥末籽醬、鹽、糖、生蛋黃、黑胡椒粉混合。

2_ 以打蛋器攪打，慢慢加入橄欖油使其乳化變濃稠，成型後加入紅酒醋、檸檬汁、梅林辣醬油、墨西哥辣椒水、起司粉調整濃稠度。

B 無蛋美乃滋_

沾醬 燒烤 海鮮 魚肉 雞肉 豬肉 牛肉 蔬菜 麵包 雞蛋

材料

白砂糖	35g
鹽	2g
無鹽奶油	15g
涼開水	150mL
鮮奶	50mL
玉米粉	15g

如何保存

使用前適量製作即可。做好的醬室溫可放2小時，冷藏8小時。

作法

1_ 砂糖、鹽、無鹽奶油、涼開水放入鍋裡混合均勻，用小火煮沸。

2_ 玉米粉和鮮奶先均勻攪散，倒入鍋中慢慢勾芡至濃稠狀，放冷即可使用。

Japanese Mayonnaise

〈 日式美乃滋 〉—

沾醬　拌炒　做醬　潤滑食物

柔軟滑順，日本人的餐桌必備醬料

日式美乃滋的製作方式和原理，與一般美乃滋大致相同，但日式美乃滋少了點甜、多了些鹹，擁有更獨樹一格的味道，是日本人日常生活中不可或缺的調味品。

製作日式美乃滋的原料，以蘋果醋或米醋取代了蒸餾醋，故味道較為清淡柔和，此外也加入少量的鹽、蛋、香辛料，所以略帶鹹味更多了些鮮味，被廣泛運用於各式日式料理，舉凡大阪燒、章魚燒、炒麵、炒肉、烤馬鈴薯，都不能少了日式美乃

滋增味。愛吃美乃滋的日本人，更衍生出鮪魚、明太子、豆漿等不同口味，成為餐桌上必備的調味良伴。

(隨餐增味) 日式美乃滋的用途廣泛沒有限制，只要喜歡，不論什麼餐點都可以加美乃滋增加風味。

(日式炒麵) 道地的日式炒麵，會用中濃醬、海苔粉、紅薑等調味，並在上頭覆蓋一層美乃滋，看來令人垂涎三尺。

(大阪燒) 大阪燒的日文原意，是把喜歡的食材放在鐵板上煎烤，完成前的最後步驟，一定是撒上日式美乃滋與柴魚片。

(炒肉片) 別於普通美乃滋多用於涼拌跟沾醬，日式美乃滋還能拿來炒肉片、炒蝦仁、烤山藥、烤雞翅，滋味豐富多變。

〈 保存要訣 〉

• 日式美乃滋多為塑膠軟罐裝，優點是方便擠出控制用量，常陳列在超市賣場的常溫醬料區。

• 開封前請置於陰涼處常溫保存，開封後請冷藏，並於1個月內食用完畢。

Check!
挑選
技巧

1 在台灣，日式美乃滋在進口超市和食材行較容易買到，建議第一次購買者，可挑選知名且經典的大品牌。

日式美乃滋 ｜ 基礎調味品 ｜ 調合調味品 ｜ 常用辛香料 ｜

Tips_
明太子是加工醃漬過的魚
卵，本身鹹香微辛，極鮮滋
味很吸引人！

明太子美乃滋_

沾醬 焗烤 沙拉 魚肉 雞肉 豬肉 牛肉 蔬菜 麵包 甜品 飲料

材料

自製美乃滋	80g
明太子	60g
味醂	5mL
山葵醬	5g
檸檬汁	10mL

如何保存

使用前適量製作即可。做好的醬室溫下可放2小時，冷藏1週。

作法

1_ 取明太子，剝除外層囊膜刮出魚卵，和味醂、山葵醬、檸檬汁拌在一起。

2_ 再將自製美乃滋加入，一起混合攪拌均勻即可。

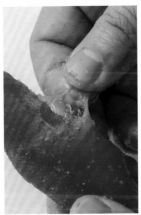

美乃滋炒肉_

材料

豬肉片（大里肌肉）·····250g

明太子美乃滋·················75g

黃芥末醬·······················15g

醬油·····························15mL

米酒·····························30mL

蒜頭·····························10g

七味粉···························3g

作法

1_ 蒜頭切成末備用，另將明太子美乃滋、黃芥末
　　醬、醬油攪拌在一起。

2_ 準備炒鍋，先放入豬肉片、米酒，讓酒精揮發
　　後，放入蒜末再拌炒。

3_ 把調好的醬汁放入慢慢加熱並拌勻後盛盤，撒上
　　七味粉即可。

日式美乃滋 — 基礎調味品 — 調合調味品 — 常用辛香料 —

Tips_

豬肉片可用大里肌部位，脂肪含量適中，適合用炒
的。炒肉片時不需額外添加油，因為美乃滋本身油
份比例高，用慢火慢慢拌熟就好。

Curry
咖哩

炒 燉煮 醃漬 燒烤

混合多種香辛料，異國風味十足

「咖哩」兩字，源自南印度的坦米爾語，意即調味醬汁之意，綜合薑黃、辣椒、肉桂、丁香、茴香、荳蔻等多種辛香調味料組合而成。

每一個印度家庭，幾乎都有自己獨門的咖哩配方，咖哩的辛辣與香味，有助掩蓋肉類的腥羶味，因此被廣泛運用在烹煮肉類、海鮮、飯、麵等，風味濃厚。

印度、泰國、日本等地，各自有盛行的咖哩風味，有辣、有甜，還有不同顏色與質地濃稠度，主要以紅咖哩、綠咖哩、黃咖哩三種口味最為常見。在台灣，市售咖哩以粉狀、塊狀居多，因質地特性分別適用在不同的料理，也因為富含香辛料，所以吃咖哩時會感到身體發熱，有促進血液循環、抗氧化等健康益處。

咖哩塊

咖哩粉

（咖哩粉）為多種乾燥辛香料研磨成粉組合而成，咖哩粉本身無調味，香氣十足可賦予食材辛香，多用在醃漬、炒香時，如醃漬咖哩烤雞腿、咖哩炒飯等。

（咖哩塊）咖哩塊等同預拌粉的概念，先將咖哩的精華美味濃縮在方塊裡，分甜味、中辣、激辣等口味，因為含有澱粉，所以燉煮後醬汁濃稠，適合煮成咖哩醬，搭配飯或麵一起食用。

（咖哩醬／糊）有紅咖哩醬、黃咖哩醬、綠咖哩醬，多為罐裝或真空包，常與椰漿一起烹煮，就成了獨到的南洋風味。

• 咖哩粉密封好，放在陰涼不被太陽直曬處常溫保存。可以放少許米粒在罐中，避免咖哩粉受潮結塊。

• 咖哩塊或咖哩醬開封前可常溫保存，一旦開封後建議收進冰箱冷藏，並盡快使用完畢。

咖哩類 ― 基礎調味品 ― 調合調味品 ― 常用辛香料 ―

Check!
挑選技巧

1 依個人口味及料理需求選擇適合的咖哩粉、塊、醬，可優先挑選信譽良好的大廠牌，並注意成分及保存期限。

2 購買時請留意，咖哩粉無結塊受潮，咖哩塊或醬外包裝完整無破損滲漏。

3 咖哩塊外包裝盒有辣度標示，不敢吃辣者得多加留意喔！

蘋果咖哩飯_

材料

馬鈴薯	160g
紅蘿蔔	120g
洋蔥	120g
蘋果	120g
甜味咖哩塊	120g
無鹽奶油	15g
水	900mL
白飯	200g

作法

1_ 馬鈴薯、紅蘿蔔、洋蔥、蘋果洗淨去皮都切成塊，備用。

2_ 準備一鍋，先放奶油炒香洋蔥、紅蘿蔔，再倒水煮開待紅蘿蔔半熟，接著加入馬鈴薯、蘋果塊。

3_ 咖哩塊切成小塊（較易煮化掉），或將咖哩與溫水調至化開，放入步驟2拌勻後轉小火慢慢煮稠，等馬鈴薯、紅蘿蔔熟透，即可盛盤淋在白飯上。

來自印度好味道——瑪薩拉香料粉

瑪薩拉綜合香料粉（Garam masala），又稱印度什香粉，以15-20種香料組成，各家庭或廚師的配方略有差異，並不會認為只有單一配方比例才是正統，常見的香料成分有黑胡椒、白胡椒、肉桂、肉荳蔻、小茴香、芫荽籽、月桂葉等，對印度人而言，瑪薩拉除了拿來煮咖哩，各式料理也都能撒一點提升香氣。

Tips_
香香甜甜的蘋果，滋味跟咖哩意外合拍，如果希
望營養更充足，還可依喜好添加牛腩、雞肉、豬
排等，口感更濃郁豐富。

〈 受歡迎的異國風咖哩 〉

黑咖哩醬

【材料】
市售咖哩塊　120g
無糖黑巧克力　60g
水　900mL

【如何保存】
使用前適量製作即可。做好的醬室溫下可放8小時，冷藏2-3週。

【作法】
水先加入鍋裡，煮開後放咖哩塊慢慢攪拌至溶化，再放入無糖巧克力塊，再次煮開後即可。

Tips_
咖哩塊可選用甜味和辣味各半，味道較適中。無糖黑巧克力可依喜好調整比例，巧克力獨有的香氣、稠度，會讓醬汁的美味更上一層。

紅咖哩醬

【材料】
紅咖哩糊　45g
椰奶　250mL
魚露　15mL
檸檬葉　2片
香茅　1支
羅勒葉　6片
棕櫚糖　10g

【如何保存】
使用前適量製作即可。做好的醬在室溫下可放8小時，冷藏2-3週。

【作法】
1_ 起鍋放入椰奶，用中火煮至濃稠再加紅咖哩糊炒出香味。

2_ 加入棕櫚糖、檸檬葉、香茅轉小火慢煮，接著倒魚露，最後放羅勒葉即可。

Tips_
紅咖哩醬的辣度由紅咖哩糊掌控，可依個人喜好調整比例份量。

萬用咖哩醬

【材料】

市售甘味咖哩塊　120g
洋蔥　120g
蒜頭　20g
辣椒　15g
番茄醬　50mL
水　900mL
無鹽奶油　15g

【如何保存】

使用前適量製作即可。做好的醬室溫下可放8小時，冷藏2-3週。

【作法】

1_ 將洋蔥、蒜頭、辣椒切成碎備用。

2_ 起鍋放入奶油炒香洋蔥、蒜頭、辣椒碎，加水煮滾後放入咖哩塊，轉小火慢慢攪拌成稠狀，再加入番茄醬煮滾即可。

煮Tips_ 咖哩要用慢火熬煮，讓蔬果緩慢釋出精華，才能煮出好味道。

綠咖哩醬

棕Tips_ 櫚糖的香味特殊、營養素多，比紅糖香甜、甜度沒砂糖高，在大型販量超市、南洋食品專賣店、食材原料行能買到。如手邊沒有棕櫚糖，可用黑糖替代。

【材料】

椰奶　425mL
魚露　30mL
檸檬汁　30mL
檸檬葉　3片
棕櫚糖　15g
綠咖哩糊　60g

【如何保存】

使用前適量製作即可。做好的醬室溫下可放8小時，冷藏2-3週。

【作法】

1_ 起鍋放入椰奶，用中火煮至濃稠，加入綠咖哩糊續炒出香味。

2_ 加入棕櫚糖、魚露、檸檬葉慢煮出香味，最後放檸檬汁拌勻即可。

綠咖哩魚片_

材料

綠咖哩醬……350mL

鯛魚片………160g

小番茄………50g

茄子…………50g

紅辣椒………12g

檸檬葉………1片

魚露…………10mL

九層塔葉……8片

作法

1_ 小番茄對剖一開二，茄子切滾刀、鯛魚切斜片、
紅辣椒切片，備用。

2_ 將綠咖哩糊放入鍋內加熱，加茄子煮開後放入檸
檬葉、紅辣椒片拌勻。

3_ 再加鯛魚片蓋上鍋蓋以小火悶熟，最後放下小番
茄、魚露、九層塔輕輕拌勻即可。

Tips_
因魚片沒炸過，所以烹煮的過程中不要大力翻動，
以免魚片破碎散開。

Wasabi

〈 哇沙比 〉
（日式芥末）

製醬　沾醬　拌炒

強烈鮮明的味道，一丁點就開胃

哇沙比（Wasabi）呈淡綠色膏泥狀，也被稱為日式芥末或綠芥末，常見於日本料理，辛辣芳香略帶苦味，具有催淚的強烈嗆感，對味覺、嗅覺均有刺激作用。

但嚴格說來，將哇沙比稱作日式芥末並不正確，因為在正統的日本料理中，哇沙比是以山葵根部磨成的泥，因刺激氣味與辛辣味皆與芥末相似，容易造成混淆。

由山葵製成的哇沙比，除了刺激鼻竇的辛嗆味，更帶有獨特的清香，但價格較

高昂、購買也較不易，故也有人使用辣根替代，我們平時在平價日式餐廳及超市買到的日式芥末醬，多是以辣根、芥菜籽加上色素、香料調製而成。

搭配生魚片與握壽司 具殺菌效果,可對抗金黃葡萄球菌,預防若生食到不新鮮海鮮可能引起不適。通常會搭配日式醬油,最能保留風味的吃法,是先將生魚片和握壽司沾醬油再加上一點山葵,避免山葵與醬油直接混合。

增進食慾 淡綠色澤及辛辣味不只可增進食慾,更能促進腸胃消化及吸收,搭配清淡的料理更能突顯滋味,例如與豆腐或蕎麥麵一起食用。

Check!
挑選技巧

1 市售哇沙比,有可能不含山葵成分,可從包裝上辨別,標明「本わさび使用(使用真正山葵)」含山葵比例50%以上,「本わさび入り(加入真正山葵)」則是山葵比例50%以下的產品,選購前請認明包裝並留意成分標示。

2 台灣阿里山為著名山葵產地,也可到進口超市的生鮮蔬果區碰碰運氣,說不定能買到新鮮山葵唷。

〈 **保存要訣** 〉

- 一般條裝在開封前置於室溫保存即可,開封後如短時間未能食用完畢,建議儲放冰箱冷藏。

- 新鮮現磨的山葵,要吃多少現磨多少,避免氧化變質。

Tips_
依個人喜好酌量調整配方比例，重口味
者，可多加淡醬油或芥末醬調合。

A

B

Tips_
依個人喜好的辣度，酌量調整日式芥末
醬的配方比例，醬汁可直接淋上或附在
旁邊均可，適合拌麵或涼拌雞絲。

A 怪味醬

沙拉 火鍋 涼拌 海鮮 雞肉 豬肉 牛肉 蔬菜 麵條 菇類 雞蛋

材料

日式芥末醬⋯⋯15g

辣椒醬⋯⋯⋯⋯30g

番茄醬⋯⋯⋯⋯30g

嫩薑汁⋯⋯⋯⋯10mL

白砂糖⋯⋯⋯⋯10g

鹽⋯⋯⋯⋯⋯⋯適量

香油⋯⋯⋯⋯⋯5mL

冷開水⋯⋯⋯⋯30mL

如何保存

使用前適量製作即可。做好的醬室溫下可放2-3小時,冷藏2-3週。

作法

日式芥末醬先用冷開水慢慢調散,再放入砂糖、辣椒醬、番茄醬、薑汁、適量的鹽調散,最後加香油拌勻即可。

B 日式冷麵沾醬

沙拉 火鍋 沾醬 海鮮 雞肉 豬肉 牛肉 蔬菜 冷麵 菇類 雞蛋

材料

柴魚片⋯⋯⋯⋯20g

味醂⋯⋯⋯⋯⋯50mL

淡醬油⋯⋯⋯⋯50mL

白砂糖⋯⋯⋯⋯15g

水⋯⋯⋯⋯⋯⋯400mL

日式芥末⋯⋯適量

如何保存

可事先做起來,想吃隨時取用。沾醬室溫下可放2-3小時,冷藏2-3週,冷凍1-2月。

作法

1_ 水和柴魚片放入鍋中,煮開後轉小火,煮約25分鐘後過濾成柴魚汁。

2_ 柴魚汁、味醂、淡醬油、砂糖入鍋中煮開放涼。

3_ 食用前在醬汁中調入少許日式芥末醬。

日式綠茶冷麵_

材料

日式冷麵沾醬⋯⋯⋯⋯150mL

綠茶麵⋯⋯⋯⋯⋯⋯⋯180g

海苔絲⋯⋯⋯⋯⋯⋯⋯5g

熟白芝麻⋯⋯⋯⋯⋯⋯5g

雞蛋⋯⋯⋯⋯⋯⋯⋯⋯1粒

蔬菜油⋯⋯⋯⋯⋯⋯⋯5mL

七味粉⋯⋯⋯⋯⋯⋯⋯3g

作法

1_ 先將綠茶麵放入滾水中煮8分鐘,再撈起進冷水裡
過水冰鎮,待麵冷瀝乾水分備用。

2_ 雞蛋打散,取平底鍋放入蔬菜油,以中火煎成蛋
皮再切絲狀。

3_ 將麵條盛入盤上,撒上白芝麻、海苔絲、蛋絲、
七味粉,冷麵醬以器皿盛裝另附在旁即可。

Tips_

如喜好芥末嗆辣衝鼻的過癮滋味，可多加些日式
芥末醬在麵旁，或直接加量調入沾醬裡。

Mustard
〈美式黃芥末醬〉

煎　烤　沾醬　製醬

提到美式黃芥末醬，通常是指顏色深黃、以塑膠罐裝的產品，質地偏稀不含顆粒，略帶酸味、口感細膩，成分含醋、薑黃粉、紅椒粉、黃芥末籽、水、鹽、辛香料等，味道與日式芥末相比，相對較溫和、嗆辣感不明顯、酸香開胃。

在美式餐廳中，黃芥末醬經常與番茄醬一起出現，擺在桌上供人們自行取用，特別適合與肉類或油炸料理搭配，像漢堡、熱狗堡、炸培根、炸魚條、烤牛肉，時常都會配上美式黃芥末醬，增添滋味同時具有去油解膩的效果。

〈 功能應用 〉

搭配美式料理 在美式料理中，使用黃芥末醬十分普遍，舉凡熱狗、炸薯條、漢堡或三明治，都不能缺少黃芥末醬潤滑調味。

製作沙拉醬汁 可與其他調味料混合，搭配調製成沙拉醬汁，如搭配美乃滋製作馬鈴薯沙拉。

燒烤沾醬 可搭配烤牛排、烤肋排、烤漢堡排等燒烤料理一起食用。

〈 保存要訣 〉

• 開罐前可置於室溫陰涼處存放，一旦開封後，請收進冰箱內冷藏。

方便好用的黃芥末粉

黃芥末粉是黃芥末籽加薑黃、糖、鹽等成分製成，粉末狀讓使用更便利，可直接當作雞肉、牛肉、漢堡肉等肉類醃料，或製作沙拉醬汁、BBQ烤肋排醬，還可將芥末粉與水、醋調和，立刻變成好吃的芥末醬。

Check! 挑選技巧

1 選購美式黃芥末醬，可從成分標示來辨別使用食材與原料，避免人工色素及過多添加物者。

炸魚條佐黃芥末_

材料

白肉魚片·········200g

雞蛋·············1粒

麵包粉··········60g

麵粉············30g

鹽·············適量

白胡椒粉·········適量

沙拉油··········350mL

黃芥末醬········30mL

作法

1_ 將魚片切成寬1.5公分×長6公分的條狀，另將雞蛋打成蛋液備用。

2_ 魚條以鹽、白胡椒粉稍微調味醃漬，再沾裹麵粉、蛋液、麵包粉。

3_ 起鍋倒下沙拉油，待油熱至180℃左右，放入魚條炸至金黃後撈起盛盤，旁邊放黃芥末醬即可。

Tips_
炸完的魚條可放在廚房紙巾或料理吸油紙上，吸
掉多餘的油分。

芥末類 ── │ ── 基礎調味品 ── │ ── 調合調味品 ── │ ── 常用辛香料 ── │ ──

Dijon Mustard／Wholegrain Mustard
〈 法式芥末醬、芥末籽醬 〉

燒烤 沾醬 製醬

芥末屬於十字花科植物，因香氣特殊味道辛辣，用於調味已有很長的歷史。傳統法國芥末醬有四種，以第戎芥末醬（Dijon Mustard）最廣為人熟知，其次則是芥末籽醬（Wholegrain Mustard）。

法國第戎芥末醬，最早是由Jean Naigeon於1865年發明，並以生產地第戎（Dijon）為名，因用途廣泛受人們喜愛，至今世界各地仍持續熱銷這款滋味美妙的芥末醬。

法式芥末醬選用棕色的芥末籽，並以酒、酒醋調味，獨樹一幟的濃郁滋味讓它受許多廚師、料理家愛用。芥末籽醬的作法，與第戎芥末醬大致相同，主要差別在於芥末籽醬保留較完整的芥末籽顆粒，外觀黃中散布許多咖啡色顆粒，嚐起來也擁有不同層次的口感質地。

芥末籽醬

法式芥末醬

調製沙拉醬汁 常見的傳統沙拉醬汁,會在芥末醬中加入橄欖油與酒醋,混合均勻後就是美味的沙拉醬,適合搭配多種新鮮蔬果、水煮雞肉一起食用。

搭配紅肉料理 法式芥末醬調入一點優格、黑胡椒,或加入一點口味酸甜的果醬,適合搭配紅肉料理一起品嚐,不僅別具風味更能去腥解油膩。

製作蜂蜜芥末醬 法式芥末醬中加入蜂蜜與美乃滋,就成了受歡迎的蜂蜜芥末醬,蜂蜜芥末醬滋味甜而溫順,可當炸物沾醬、麵包抹醬、沙拉淋醬,醃漬肉類也很好用。

Check!
挑選技巧

1 留意產地,有的人會特意挑選來自法國第戎的芥末醬,其實挑選具有口碑的傳統品牌,即是最簡單的方法。

2 若是選擇芥末籽醬,應留意芥末籽的顆粒是否豐盈飽滿。

〈 **保存要訣** 〉

• 開封前可置於室溫陰涼處保存,開封後則收進冰箱冷藏。

蜂蜜芥末醬

使用芥末籽醬

沾醬 焗烤 海鮮 魚肉 雞肉 豬肉 牛肉 蔬菜 麵包 甜品 飲料

材料

芥末籽醬……30g

蜂蜜……………15mL

檸檬汁………15mL

美乃滋………90g

如何保存

使用前適量製作即可。做好的醬室溫下可放1-2小時，冷藏2-3天。

作法

把所有材料混合攪拌均勻即可。

Tips_

如希望顏色更漂亮，可在配方裡加點美式黃芥末醬調色。

沾醬 焗烤 海鮮 魚肉 雞肉 豬肉 牛肉 蔬菜 麵包 甜品 飲料

材料

美乃滋	160g
洋蔥	50g
酸黃瓜	40g
水煮蛋	1粒
新鮮巴西里	3g
檸檬汁	10mL
黑胡椒粉	適量
法式芥末醬	10g

如何保存

可事先做起來，想吃隨時取用。做好的醬室溫下可放1-2小時，冷藏2-3天。

作法

1_ 將洋蔥、酸黃瓜、水煮蛋、新鮮巴西里都切成碎，備用。

2_ 再把美乃滋和切碎的食材、檸檬汁、黑胡椒粉、法式芥末醬混合攪拌均勻即可。

Tips_

洋蔥碎泡涼開水3分鐘後瀝乾，用手輕輕捏出水分，可除去辛辣味。

Fish Sauce

〈 魚露 〉

煎　炒　煮　沾醬　調醬

融合海洋鹹鮮香，讓人食指大動的重口味

魚露是東南亞料理的靈魂，如果真要對比，其重要性就如同醬油之於中華料理，有了它才能創作出更多美好風味。

魚露的製作過程繁複，傳統魚露以小魚蝦為原料，放入缸中用大量鹽醃漬，白天日曬、晚上密封，需經歷鹽醃、發酵、熬煉、熟成、過濾等工序，才能獲得琥珀色的汁液，過濾後就是我們熟悉的魚露。

製成魚露至少需耗時半年，發酵時間越久，得到的魚露不單色澤較為清透、味

道也更溫和順口。傳統魚露僅使用鹽和魚（或魚的萃取）兩種原料，高品質的魚露則是以鯷魚、鯖魚或西鯡製成。基於食品安全與保存考量，魚露在合理範圍內可添加適量防腐成分，如十分在意，購買前應多留意。

增添風味 初聞魚露，不少人會對它的腥味敬而遠之，但魚露確實有提升食材和料理鮮度之效，加上本身鮮鹹夠味，不用額外添加味精和鹽，可廣泛運用在肉類、海鮮、蔬食、炒飯、炒麵等食材或料理，與糖及各種香辛料也能搭配得宜，是南洋風味倚重的鹹鮮味來源。

製作醬汁 東南亞天氣炎熱，涼拌菜常是最受歡迎的選擇，涼拌菜多是生食或簡單汆燙，料理方式簡便，很適合加點魚露與辛香料調製醬汁搭配食用。

Check!
挑選技巧

1 在不能開瓶試聞或品嚐的情況下，選擇玻璃瓶裝比塑膠瓶裝來的安全，並請仔細查看產品標籤，了解成分與保存期限。

2 氮含量和品質好壞有關，通常氮含量越高代表品質越佳，購買前可相互比較（但並非所有品牌都有標示）。

3 雖然魚露非高價產品，不過不合理的低價，相對也隱藏了較高的風險，加上用量不大，選購時建議以中高價位產品為佳。

〈 保存要訣 〉

• 未開封前請放置於陰涼處，避免高溫及陽光直射變質。

• 開瓶後則需放置於冰箱冷藏，並且在6個月內使用完畢為佳。

Tips_
泰式梅子醬常拿來搭配炸
蝦餅,剝下的紫蘇梅肉可用
攪拌棒打成細緻的果泥。煮
梅子醬時不能開大火,要不
停攪拌以免燒焦。

Tips_
喜歡吃辣的重口味愛好者,可
把紅辣椒換成朝天椒。

沾醬 火鍋 魚肉 海鮮 雞肉 豬肉 牛肉 蔬菜 麵飯 菇類 雞蛋

材料

紫蘇梅⋯⋯⋯50g

棕櫚糖⋯⋯⋯15g

檸檬汁⋯⋯⋯15mL

水⋯⋯⋯⋯60mL

番茄醬⋯⋯⋯35mL

如何保存

可事先做起來，想吃隨時取用。做好的醬室溫下可放8小時，冷藏2-3週。

作法

1_ 將紫蘇梅去籽，果肉切成泥狀。

2_ 梅泥和水、棕櫚糖、番茄醬混合一起放入鍋內，用小火煮開後加檸檬汁拌勻再放冷即可。

沾醬 火鍋 魚肉 海鮮 雞肉 豬肉 牛肉 蔬菜 冷麵 菇類 雞蛋

材料

醬油⋯⋯⋯90mL

檸檬汁⋯⋯⋯15mL

魚露⋯⋯⋯10mL

香油⋯⋯⋯10mL

花椒油⋯⋯⋯10mL

白砂糖⋯⋯⋯15g

蒜頭⋯⋯⋯15g

紅辣椒⋯⋯⋯12g

香菜⋯⋯⋯10g

如何保存

可事先做起來，想吃隨時取用。做好的醬室溫下可放8小時，冷藏2-3天。

作法

1_ 將食材洗淨，蒜頭、紅辣椒、香菜切碎，備用。

2_ 其餘調味材料先攪拌至砂糖溶解，再把所有食材混合拌勻即可。

泰式椒麻雞腿_

材料

去骨雞腿⋯⋯⋯⋯180g

魚露⋯⋯⋯⋯⋯⋯15mL

白砂糖⋯⋯⋯⋯⋯10g

檸檬汁⋯⋯⋯⋯⋯10mL

泰式椒麻醬⋯⋯50mL

高麗菜⋯⋯⋯⋯⋯80g

粗花生碎⋯⋯⋯⋯10g

香菜碎⋯⋯⋯⋯⋯5g

作法

1_ 高麗菜葉洗淨切絲備用。

2_ 雞腿肉以魚露、砂糖、檸檬汁先醃漬約15分鐘，
之後入烤箱以180℃烤15-20分鐘。

3_ 高麗菜絲鋪盤，放上烤好的雞腿（可先切成長
塊），淋上椒麻醬、粗花生碎、香菜碎即可。

Tips_

傳統椒麻雞用炸的比較油膩，我們改良成烘烤的作
法，少去油炸的熱量，滋味更清爽、酸辣又開胃。

南洋風味　——　基礎調味品　——　調合調味品　——　常用辛香料　——

Shrimp Paste
〈 蝦醬／蝦膏 〉

炒　調醬

蝦醬與蝦膏，是南洋料理中十分普遍而重要的調味，除了馬來西亞著名的馬拉盞（Belacan）外，越南、緬甸、港澳、泰國等地，也都有使用類似的佐料。

蝦膏味道濃郁，鹹度高並帶有腥味，通常會取少量搭配其他調味料一起料理，平日我們熟悉的蝦醬，便是以蝦膏為基底，搭配蝦米與香辛料調味炒香而得來的。

顧名思義，蝦膏是以蝦子為主原料，將小蝦以鹽醃漬，經曝曬並等待數個月發酵凝結，之後搗碎成濃稠的膏狀，填裝入瓶罐販售。有些蝦膏產品則會再經壓縮乾燥製作成塊狀，但本質和用途相同，平時在超市或食材行所看到的罐裝產品，實際上應為蝦膏。

增鹹提香 蝦膏的基本調性與魚露相近，都經過鹽漬、發酵等程序，所以聞起來的氣味並不討喜，但經過烹調後便能轉化產生誘人的香味。其使用方式也與魚露十分接近，只是魚露為液態，會增加料理的濕度，蝦膏水分少，更適合用於乾炒與製作咖哩。

製作蝦醬 以蝦膏為基底，搭配蝦米、辣椒、蒜、青蔥、薑及少許糖拌炒，就成了廣受喜愛的蝦醬。如果很愛蝦醬的味道，一次可以多炒一些，放涼後裝盒罐收進冰箱保存，當作常備醬料使用。

製作辣椒醬 同樣以蝦膏為基底製成的另一個名醬，是馬來西亞的「參巴辣椒醬（Sambal）」，參巴辣椒醬是馬來西亞家庭必備的醬料之一，許多人還會自製獨門的家傳口味。參巴辣椒醬的成分為蝦膏加上紅辣椒、朝天椒、紅蔥、蒜末、棕櫚糖、食用油和其他香料，將食材切成碎末後與蝦膏拌炒即可。

————< **保存要訣** >————

• 開封前放置於室內陰涼處，避免高溫及陽光直射導致變質，開封後則需收進冰箱冷藏。

挑選技巧

1 蝦膏的顏色應為深咖啡色，若顏色過於鮮紅，則表示可能摻有色素，應盡量避免購買。

2 蝦膏分塊狀或罐裝膏狀可供選擇，風味上差異不大，依自己的使用習慣挑選就好。

蝦醬炒四季豆

材料

四季豆	250g
蒜頭	10g
蝦米	10g
紅辣椒	10g
蝦醬	20g
魚露	20mL
白砂糖	5g
白胡椒粉	適量
水	80mL
蔬菜油	15mL

作法

1_ 四季豆洗淨切小段，蒜頭、紅辣椒切碎，蝦米泡水後濾乾水分切碎，備用。

2_ 起鍋放入蔬菜油炒香蒜碎、辣椒、蝦米，接著加四季豆略炒，再倒水、砂糖、蝦醬、魚露、白胡椒粉炒勻至四季豆熟透即可。

Tips_
蝦膏有塊狀和膏狀兩種，我們使用的是較容易購
買到的膏狀，在一般超市或食材店、南洋食品行
等都可購買，通常以玻璃罐或塑膠罐盛裝，陳列
在調味品區。

Part

3

一 常用調味辛香料

Chilli
〈新鮮辣椒〉

各式烹調　做醬

辛辣過癮，促進循環代謝

辣椒又名番椒、辣子等，屬茄科植物，原產於中南美洲熱帶地區，人們食用辣椒已有非常長的歷史，在生活中普遍作為辛香料使用，並且開枝散葉發展出眾多品種，創造出千百種美妙的調味配方。

辣椒除了調味，還可促進新陳代謝、血液循環、幫助腸胃蠕動，並含有抗氧化物質，適量食用對健康有益，常見的品種如一般辣度的長辣椒，或尖頭、短小、辣味強的朝天椒，以及狀似雞心、圓胖短小、高辣度的雞心椒等。

有趣的是，因「辣度」是一種主觀感受，難有統一的評斷標準，因此一九一二年美國的化學家韋伯·史高維爾發明了測定辣度的方法，將辣度區分成零至數百萬單位不等，稱為「史高維爾辣度單位（Scoville Heat Unit, SHU）」，持續運用迄今。

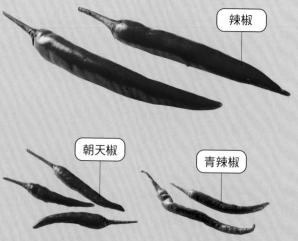

辣椒

朝天椒

青辣椒

直接入菜 辣椒可以直接加入料理增添色香味,中華料理又以川菜與湘菜最常運用辣椒,誘人的色澤與鮮明的辣味,成為這些菜系的重要靈魂。

做為食材 辣椒除了作為調味佐料也可當成食材,經典菜如辣椒鑲肉、糯米椒炒魚乾,就選用了低辣度的糯米椒(青龍椒)或綠辣椒等品種,保留特有椒香卻不會麻辣刺激。

調製佐料 許多醬料都以辣椒為主原料,如辣椒醬、辣豆瓣醬、辣椒油、韓式辣醬、墨西哥醃辣椒、辣椒醋等,因各地盛產品種不同,喜好的辣度、口味也有差異,衍生出許多風味獨具的調味佐料。

糯米椒

Check!

挑選
技巧

1 挑選新鮮辣椒時,請選擇蒂頭鮮綠、表面光滑、體型完整飽滿者,避免有壓傷、裂開或發霉。

2 市面辣椒種類繁多,辣度與味道各異,可依料理需求及個人口味選擇品種,或挑幾種不同種類的辣椒互相搭配,創造辛辣過癮的味覺層次。

〈 保存要訣 〉

• 新鮮辣椒可以牛皮紙或白報紙包起,放入冰箱保存約一週。

• 將辣椒直接切圓片或斜片,收入密封袋放進冷凍庫保存,使用時不須退冰;另外還可風乾製成辣椒乾。

辣椒類 — 基礎調味品 — 調合調味品 — 常用辛香料 —

Tips_
若家中有食物調理機可用來打碎辣椒,做好的醬
應裝入已消毒的玻璃罐,再收進冰箱冷藏。

自製辣椒醬

沾醬 燒烤 海鮮 魚肉 雞肉 豬肉 牛肉 蔬菜 飯麵

材料

紅辣椒⋯⋯⋯200g

朝天椒⋯⋯⋯150g

蒜頭⋯⋯⋯60g

蔬菜油⋯⋯⋯200mL

鹽⋯⋯⋯20g

白砂糖⋯⋯⋯15g

如何保存

可事先做起來隨時取用。做好的醬室溫下可放1週，冷藏5-6個月。

作法

1_ 紅辣椒、朝天椒洗淨去蒂頭切碎，蒜頭去皮也切碎，備用。

2_ 起鍋放入蔬菜油，以小火先炒蒜碎，再放入兩種辣椒碎，炒至香味釋放、油色變紅，最後加鹽、砂糖調味即可。

辣椒類 ｜ 基礎調味品 ｜ 調合調味品 ｜ 常用辛香料 ｜

Dried Chilli

〈 辣椒乾、辣椒粉、辣椒絲 〉

醃漬　各式烹調　配色點綴

辣椒乾

辣椒片

辣椒粉

將新鮮辣椒風乾脫水後即得辣椒乾，風乾辣椒的外型乾癟，呈暗紅或深紅色，辣度也稍微減低，適合提味但不嗆辣，且多了酥脆的口感，香氣也更為突顯，在中式、西式料理都很常見，可切段、切碎或磨粉加入料理，經典川菜宮保雞丁便大量運用辣椒乾入菜。

辣椒風乾後，因含水量低所以保存時間被拉長了，也常見以不同的型態出現在料理中，如乾辣椒絲可作為盛盤裝飾用，辣椒粉用於醃肉、醃泡菜或料理調味，段狀或片狀的辣椒乾則入菜及調製醬料，就連享用披薩，人們也常撒點辣椒片或辣椒粉增香提味。

(宮保料理) 知名川菜宮保雞丁,名稱典故相傳源於清代嗜辣的官員丁寶楨,演變至今,人們習慣將宮保指向以乾辣椒帶出香辣味的料理手法,除宮保雞丁外,也延伸出宮保蝦球、宮保皮蛋等不同搭配。

(炒菜調味) 新鮮辣椒用完了怎麼辦?這時辣椒乾是萬用好幫手,將辣椒乾與蒜頭、花椒同炒,就成了百搭的香辣調味組合,也可加入醬油、一點糖、米酒、薑等,搭配各種食材做成辣味料理。

(調製醬料) 辣椒乾可調製調味醬料或製作辣油,如小魚乾辣醬等。

〈 保存要訣 〉

• 辣椒乾、辣椒絲、辣椒粉的含水量低可長期保存,收入密封罐中可常溫存放一年,保存時請遠離潮濕處,避免接觸水氣而發霉,亦可用密封袋盛裝收入冷凍庫保存,如出現異味請避免使用。

挑選
技巧

1 辣椒乾應確保完全乾燥,表面光亮酥脆、散發香氣,避免受潮或發霉的產品。

2 辣椒絲多為裝飾用途,應確保其完全乾燥,除非餐廳商用,否則因為使用頻率不高,選擇小包裝較恰當。

3 辣椒粉、辣椒片多為袋裝或罐裝,應確保完全乾燥,散發香味無結塊。

宮保雞丁

材料

雞胸肉丁⋯⋯180g　　麻油⋯⋯⋯⋯10mL

辣椒乾⋯⋯⋯5g　　　熟花生粒⋯⋯10g

蒜頭⋯⋯⋯⋯15g　　太白粉⋯⋯⋯15g

老薑⋯⋯⋯⋯5g　　　蔬菜油⋯⋯⋯250mL

青蔥⋯⋯⋯⋯15g

醬油⋯⋯⋯⋯60mL

白砂糖⋯⋯⋯15g

烏醋⋯⋯⋯⋯15mL

米酒⋯⋯⋯⋯30mL

作法

1_ 蒜頭、薑切碎，青蔥切段，辣椒乾斜切去籽，去
骨雞胸肉切成長寬各2公分大小的肉丁。

2_ 先倒醬油30毫升和米酒15毫升醃雞胸肉，再加入
太白粉拌勻醃漬約15分鐘。

3_ 起鍋放入蔬菜油，以小火炸雞丁至稍微變色即可
撈起備用。

4_ 另起一鍋加少許蔬菜油，放入蒜、薑碎、辣椒乾
爆香後，加雞丁、米酒、醬油、砂糖、烏醋快速
拌炒並收乾醬汁，再放青蔥段、花生粒、麻油拌
炒即可。

Tips_

如果怕太辣，可將辣椒乾份量減半，或
換成辣度較低的紅辣椒。

辣椒類 ｜ 基礎調味品 ｜ 調合調味品 ｜ 常用辛香料 ｜

醃韓式泡菜_

材料

大白菜……………400g	韓國辣椒粉………30g
韭菜……………80g	魚露……………15mL
蒜頭……………10g	麻油……………10mL
薑……………10g	米醋……………15mL
鹽……………7.5g	白砂糖…………10g

作法

1_ 大白菜葉洗淨擦乾，用手撕成長條，韭菜切段，蒜頭、薑切碎，備用。

2_ 將蒜碎、薑碎、鹽、韓國辣椒粉、魚露、砂糖、米醋、麻油拌勻，倒入料理用的鋼盆內。

3_ 再把備好的白菜放入翻拌，接著加韭菜段拌勻，最後將泡菜放入加蓋玻璃瓶存放，靜置陰涼處5-6天等待發酵。

讓料理更誘人的韓式辣椒粉

色澤紅通通的韓國辣椒粉，許多韓式料理都會運用到，在韓國，辣椒粉區分不同辣度和粉末粗細，韓式辣椒粉的顏色鮮艷紅潤、味道辣中帶香，和台灣或其他國家的辣椒粉風味大不相同。使用上依料理方式添加，若是煮湯或泡菜鍋，以使用細辣椒粉為主，若要醃漬泡菜、涼拌菜，則用粗辣椒粉最合適。

Tips_

夏天發酵速度較快，在陰涼處放置2-3
天即可，若要收入冰箱冷藏，則需靜待
約7-10天即發酵完成。

Shichimi Togarashi

七味粉

燒烤　沾料　湯品或料理調味

七味粉也稱七味唐辛子，最早出現於日本江戶時期，從中藥材獲得靈感調製而成，是一種以辣椒粉（唐辛子）為主材料的複合調味品，另混合了黑芝麻、白芝麻、橘子皮、山椒、海苔、薑、火麻仁、菜籽等多種香辛料。七味粉雖以混合七種材料而得名，實際上並沒有固定配方，各品牌略有差異，依中醫的觀點來看，內含成分多屬溫補，能溫熱祛濕，對健康有益。

七味粉的辣度不高，層次豐富、香氣獨特，廣泛被運用在日式料理中，日式餐廳的桌上也常擺放七味粉供客人隨時取用，烏龍麵、蕎麥麵、炸雞也都會想加一點，又紅又香誘發食慾。

(搭配蕎麥麵) 在日本人眼裡，蕎麥麵和七味粉關係密不可分，七味粉常搭配蕎麥麵的沾料，早期的七味粉甚至是伴隨蕎麥麵而廣為人知。

(製作其他調味料) 七味粉也可與其他調味料混合，如味噌醬、日式美乃滋、柑橘果醋等，製作成不同口味的調味沾醬。

(增色提味) 整體來說，七味粉的應用非常隨性，任意撒一點就能替料理增加賣相，另一方面，七味粉雖無顯著鹹度，卻有提升滋味的效果，相對能減少醬油和鹽的用量。

〈 **保存要訣** 〉

• 請以包裝上的保存期限為準，開封後置於通風陰涼處，用畢請鎖緊上蓋避免受潮，亦可收入冰箱冷藏保存，並盡快食用完畢。

辣椒類 — 基礎調味品 — 調合調味品 — 常用辛香料 —

1 在台灣，一般超市就有販售七味粉，但種類不多，如果想有較多選擇，可以到日系百貨的超市逛逛。

2 日本當地有不少製作七味粉的傳統百年老店，保留了道地的做法與味道，有機會到日本旅遊時可嘗試各家風味。

七味味噌烤魚_

材料

鱈魚片⋯⋯⋯2片（180g×2片）

白味噌⋯⋯⋯90g

味醂⋯⋯⋯45mL

檸檬汁⋯⋯⋯15mL

七味粉⋯⋯⋯5g

水⋯⋯⋯150mL

作法

1_ 水、白味噌、味醂、檸檬汁混合調成醃汁，把魚浸漬其中約1天。

2_ 使用前洗去魚片表面的味噌，再用紙巾擦乾水分，入烤箱以180℃烤12-15分鐘，盛盤後以檸檬片裝飾，並在上頭撒七味粉即可。

Tips_
魚的種類沒有硬性規定，除了鱈魚外，
旗魚、鮭魚的肉質也很合適用烤的！

Chili Oil
辣油

各式烹調　做醬

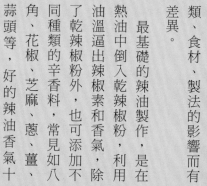

辣油也稱為辣椒油、紅油，有顏色橘紅（或棕色）、味麻辣、香氣醇厚的特點，色澤和香氣受辣椒種類、食材、製法的影響而有差異。

最基礎的辣油製作，是在熱油中倒入乾辣椒粉，利用油溫逼出辣椒素和香氣，除了乾辣椒粉外，也可添加不同種類的辛香料，常見如八角、花椒、芝麻、蔥、薑、蒜頭等，好的辣油香氣十足，入口感受的辣味溫潤，

而不是灼傷的刺痛感。辣油的配方千變萬化，不少品牌皆有專屬獨門配方，也因為製作並不困難，許多家庭也有祖傳秘訣，把好味道一代傳一代。

各式料理 辣油可廣泛應用在各式料理中，拌入米粉、麵條、羹湯裡，或是烹煮紅油抄手、麻婆豆腐、水煮魚、水煮牛肉等紅油料理。

涼拌調味 辣油不僅適合熱食，在各種涼拌料理中也更能發揮特色，即使在夏天吃，也能享受到冰涼與火辣的對比，清爽又開胃。

麻辣火鍋 香麻夠味的正宗四川麻辣鍋，表面浮著一層紅紅的辣油，是麻辣鍋湯底不可缺少的靈魂材料。

Check!
挑選技巧

1 辣油除了辣度外，香味也同等重要，選購時可注意成分標示，避免不必要的化學添加物影響味道和品質。

2 如果很愛吃辣油不妨自製，將辣椒乾、辣椒粉、花椒浸泡在熱油中，放涼即可裝罐。

⟨ **保存要訣** ⟩

• 未開封時常溫保存，使用時務必以乾淨清潔的湯匙挖取，瓶裝產品則直接倒出，避免辣油接觸生水變質，開封後請冷藏，並儘速食用完畢。

辣椒類 ｜ 基礎調味品 ｜ 調合調味品 ｜ 常用辛香料 ｜

Chili Sauce

辣椒醬

各式烹調 　做醬

基本的辣椒醬是以生辣椒為原料，經洗淨、去蒂、晾乾、剁椒再炒製，雖然做法簡單，過程卻很講究，尤其辣椒應該切成小段或碎粒，辣椒與辣椒接觸面積越大，越能釋出紅色素與辣椒素；此外，炒製時油溫不宜過高，以免充分釋放色香辣前，搶先一步產生了焦味。

辣椒醬的質地可分兩種，剁椒保留了辣椒皮與籽，醬的香氣較為奔放，另一種則是將辣椒與其他食材完全磨成泥狀，味道較融合一致。

市面常見的辣椒醬，除了添加生辣椒，還會放入其他辛香料及調味料，像嗜辣者會加重朝天椒的份量讓辣味更濃郁，或是加入蒜頭、花椒、豆豉等，配方影響了辣度、口感與風味，喜好端看個人接受度。

⟨ 功能應用 ⟩

炒菜爆香 炒菜時可在熱油後加些許剁椒辣椒醬爆香，透過熱油加速釋放辣椒香氣，讓料理沾染上橘紅的誘人色澤。

調製沾醬 各類沾醬都可加點辣椒醬調味，依自己的喜好拿捏辣度與鹹度。

其他各種烹調 辣椒醬的運用幾乎不受限制，不論蒸、煮、燉、滷、拌、炒都適合，有了辣味的點綴，料理更顯豐盛開胃。

⟨ 保存要訣 ⟩

• 未開封前請置於常溫陰涼處保存，開瓶後則收入冰箱冷藏。

• 若是自製辣椒醬，做好後常溫下可放一週，以冷藏保存為佳，可放5-6個月。

• 使用時務必以乾燥清潔的湯匙挖取，以免沾染生水細菌導致變質。

辣椒類 ─ 基礎調味品 ─ 調合調味品 ─ 常用辛香料 ─

挑選技巧 Check!

1 選購時請留意成分標示與保存期限，避免人工調味料（甘味劑）、防腐劑、色素、酒精等添加物。

2 檢視瓶身標明的大中小辣度，依自己能接受的辣度做選擇。

Tips_

可依個人喜好調整配方比例，甜辣
醬亦可運用本書教授的自製辣椒醬
延伸製作，味道香氣更足，添加物少
食用更安心！

A

B

Tips_

可依個人喜好調整配方比例，花椒
本身味道辛麻，花椒粉因研磨味道
更容易釋出，香麻帶勁。

A 甜辣醬

使用辣椒醬

沾醬 燒烤 海鮮 魚肉 雞肉 豬肉 牛肉 蔬菜 麵飯 肉粽 飲料

材料

辣椒醬⋯⋯⋯⋯100mL

番茄醬⋯⋯⋯⋯50mL

白砂糖⋯⋯⋯⋯30g

水⋯⋯⋯⋯⋯⋯100mL

太白粉⋯⋯⋯⋯5g

如何保存

可事先做起來隨時取用。做好的醬室溫下可放8小時，冷藏1-2週。

作法

將水、砂糖、辣椒醬、番茄醬拌勻煮開，再用太白粉勾芡，放冷即可。

B 紅油抄手醬

使用辣油

沾醬 燒烤 海鮮 魚肉 雞肉 豬肉 牛肉 蔬菜 麵條 板條 餛飩

材料

辣油⋯⋯⋯⋯⋯30mL

香油⋯⋯⋯⋯⋯10mL

醬油⋯⋯⋯⋯⋯15mL

白醋⋯⋯⋯⋯⋯15mL

花椒粉⋯⋯⋯⋯5g

蒜頭⋯⋯⋯⋯⋯15g

白砂糖⋯⋯⋯⋯5g

如何保存

使用前適量製作即可。做好的醬室溫下可放8小時，冷藏2-3天。

作法

蒜頭切末，和辣油、香油、醬油、花椒粉、白醋、砂糖全部拌勻即可。

辣椒類 ｜ 基礎調味品 ｜ 調合調味品 ｜ 常用辛香料 ｜

Chili Bean Sauce

〈 辣豆瓣醬 〉

炒　煮　燉　醃漬　做醬

辣豆瓣醬的醬香醇厚、鹹甜辣均衡適口，是一種釀漬類的調味品，主成分含辣椒、黃豆（或蠶豆）、鹽、糖等原料，熬煮後經天然發酵，經歷繁複工序製成。

以辣豆瓣醬搭配料理有

提味起鮮之效，據說，四川的老人家們料理時總愛講：「菜上鑲點豆瓣吧！」可見豆瓣醬是川菜的靈魂。

在台灣則以高雄岡山地區的辣豆瓣醬最為出名，承襲了傳統四川辣豆瓣的味道，加入如辣油、香油、豆腐乳等不同材料予以改良，漸漸發展出另一種獨到的台式辣豆瓣醬，兼併鹹香辣的好味道，成了許多在外就學、工作的遊子們，心中難以忘懷的家鄉味。

〈川菜料理〉 有了辣豆瓣醬,就能輕鬆料理出許多名菜,如麻婆豆腐、魚香茄子、紅燒豆瓣魚等,必定少不了以辣豆瓣醬調味。

〈搭配羊肉爐〉 高雄岡山有三寶——蜂蜜、羊肉、豆瓣醬,岡山地區的羊肉料理遠近馳名,當地人最喜歡在吃羊肉爐時沾辣豆瓣醬一起享用,味道十分契合。

〈萬用沾醬〉 許多小吃店都會附辣豆瓣醬供客人取用,多數人會與醬油、香油、醋調合,搭配水餃鍋貼或豆干海帶等小菜一起食用。

〈 保存要訣 〉

• 未開封前請置於常溫陰涼處保存,開封後則收入冰箱冷藏。

• 使用時務必以乾燥清潔的湯匙挖取,以免沾染生水細菌導致變質。

辣椒類 ┃ 基礎調味品 ┃ 調合調味品 ┃ 常用辛香料 ┃

Check!
挑選
技巧

1 辣豆瓣醬屬黃豆類製品,建議選擇非基因改造黃豆製成之產品。

2 有的豆瓣醬會添加蠶豆,請多留意包裝標示,蠶豆症患者避免誤食。

TABASCO
⟨ 塔巴斯科辣醬 ⟩

沾醬 淋醬 調酒

塔巴斯科辣醬也稱為紅辣椒水，在西式、義式餐廳桌上常擺放塔巴斯科辣醬，讓顧客自由搭配披薩和義大利麵。Tabasco原是墨西哥的一處地名，不過塔巴斯科辣醬的原產地並非墨西哥而是美國，發明人是銀行家艾德蒙·麥克漢尼（Edmund McIlhenny），一八六八年成立麥克漢尼公司專售這款辣椒醬，並於一八七〇年替產品註冊專利，推廣行銷至世界各地。

塔巴斯科辣醬的主原料是小米辣椒，做法是將辣椒搗碎，以礦物鹽醃漬數天，再將辣椒和礦物鹽混合的原料糊放置在桶裡，加入天然白醋釀製，經歷三年的熟成而得，辣醬融合了辣與酸，清爽不膩口，口味深受歡迎。

搭配披薩和麵食 塔巴斯科辣醬常用來搭配披薩、潛艇堡、義大利麵等,幾滴就能滿足吃辣的慾望,清爽的酸味更能解除油膩感。

搭配肉排海鮮 將塔巴斯科辣醬搭配肉排與海鮮,可增加料理的風味層次,並發揮去腥解膩的效果。

製作調酒飲料 很特別的,塔巴斯科辣醬甚至可用來製作調酒飲料,如血腥瑪麗就加入了塔巴斯科辣醬,融入其中的辣味成為鮮明的點綴。

Check! 挑選技巧

1 塔巴斯科辣醬是專利註冊的商品,選購時請認明包裝標示。

2 除了最常見的原味經典塔巴斯科辣醬外,另推出蒜味辣醬(Garlic Pepper Sauce)、水牛城風味辣醬(Buffalo Style Sauce)、墨西哥綠辣醬(Green jalapeño sauce)等數種風味,以不同的醬汁顏色和瓶身標籤區別,可依個人喜好和料理需求選擇。

〈 保存要訣 〉

• 開封前置於常溫陰涼通風處即可,開封後請收入冰箱冷藏。

辣椒類 — 基礎調味品 — 調合調味品 — 常用辛香料 —

Tips_

莎莎醬是墨西哥菜常用的佐餐醬料，以番茄為主基底，口感酸辣清爽，可依喜好多放點檸檬汁或辣椒水，美味獨一無二。

A

B

Tips_

可依喜好調整配方比例，魚香醬裡其實沒有魚的成分，常見用途是拿來煮下飯的魚香茄子或魚香炒肉絲！

A 番茄莎莎醬_

使用塔巴斯科辣醬

(沾醬) (沙拉) (玉米片) (墨西哥餅) (魚肉) (雞肉) (豬肉) (牛肉) (蔬菜) (麵飯)

材料

牛番茄肉……150g	鹽……2g
紫洋蔥……50g	黑胡椒粉……2g
蒜頭……10g	橄欖油……30mL
紅辣椒……10g	紅酒醋……15mL
香菜……5g	塔巴斯科辣醬……5mL
檸檬汁……10mL	

如何保存

可事先做起來隨時取用。做好的醬室溫下可放2小時，冷藏1-2天。

作法

1_ 食材洗淨，牛番茄底部劃十字汆燙10秒後撈起，先剝皮再去籽取肉切小丁，備用。

2_ 另將紅辣椒去籽切碎，紫洋蔥、蒜頭、香菜切碎，備用。

3_ 所有材料及調味料混合拌勻後，放進冰箱冷藏30分鐘即入味。

B 魚香醬_

使用辣豆瓣醬

(沾醬) (燒烤) (海鮮) (魚肉) (雞肉) (豬肉) (牛肉) (蔬菜) (麵飯) (板條) (餛飩)

材料

辣豆瓣醬……15g	青蔥……15g
醬油……15mL	老薑……15g
烏醋……15mL	蒜頭……5g
白砂糖……15g	蔬菜油……15mL
米酒……15mL	水……60mL
太白粉……10g	

如何保存

使用前適量製作即可。做好的醬室溫下可放8小時，冷藏1-2週。

作法

1_ 食材洗淨，蒜頭、薑、青蔥都切碎，備用。

2_ 起鍋放入蔬菜油，先炒蒜、薑、青蔥碎至香味釋出，放辣豆瓣醬、醬油、糖、米酒、烏醋、水拌炒煮開後，用太白粉勾芡成微微濃稠狀即可。

魚香茄子_

材料

茄子⋯⋯⋯⋯250g

魚香醬⋯⋯⋯150mL

蔬菜油⋯⋯⋯150mL

青蔥⋯⋯⋯⋯30g

香菜⋯⋯⋯⋯5g

作法

1_ 食材洗淨，茄子切成長條狀，青蔥、香菜切碎，
   備用。

2_ 起鍋放入蔬菜油，以中火煎茄子條，每條都要煎
   上色，再把茄條夾起鋪在廚房紙巾或料理吸油紙
   上吸去多餘油分。

3_ 另將魚香醬入鍋加熱，放下步驟2煎好的茄條拌炒
   均勻即可盛盤，撒上青蔥、香菜碎即可。

Tips_
切開的茄子如曝露在空氣中太久易變
黑，建議切好後先泡鹽水防止氧化。

辣椒類
—｜—
基礎調味品　—　調合調味品　—　常用辛香料　—

Scallion

〈 青蔥 〉

炒　滷　燉　紅燒　醃漬　醬汁　藥材

顏色翠綠微微辛辣，香氣新鮮濃郁

蔥又稱青蔥、大蔥，在中式料理，蔥是非常重要、極為普遍的調味蔬菜，其葉呈圓筒形、末端尖、中空易折，味道香而微辛，常切絲、切段、切圓片、切斜片、切蔥花，放入料理中爆香煎炒，或是加進滷汁裡燉煮，還可做為盤飾鋪底，用途非常廣泛。

若一下子買了太多蔥，不妨試試以熱油浸泡蔥花（可加些薑末及鹽），待冷卻再裝入罐中收進冰箱冷藏，完成的蔥油不論乾拌麵、炒菜都很合適。另外還有一個小妙方，就是將新鮮的蔥洗淨去除根部，切成蔥花再放入保鮮袋、保鮮盒收進冷凍庫，需要時再適量取用，可延長保存時間。

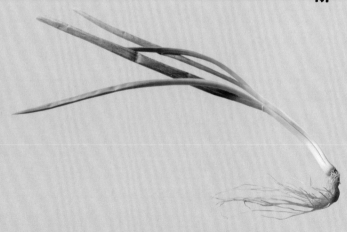

爆香增味 不論肉類、海鮮或蔬菜，料理時都能利用蔥爆香增添香氣，蔥可說是料理的最佳配角，以切段、切絲、切蔥花的形式融入料理，既除腥又增味。

料理入菜 蔥可直接作為蔬菜料理，炒青蔥、炒蒜苗都是鹹香樸實的家常菜色。也是麵食的好搭檔，比方牛肉捲夾蔥段、蔥油餅、蔥花捲等，蔥都是不可或缺的風味要角。

抑菌強身 蔥的維生素C豐富，還具有抑菌的功效，老一輩也有利用蔥白煮水促進排汗、治療感冒風寒的妙方，也難怪蔥有「食療界的抗生素」美稱。

〈 **保存要訣** 〉

• 蔥買回家後，千萬不要擱置在塑膠袋裡，這樣很快會變黃甚至爛掉。

• 建議用牛皮紙或白報紙捲起再裝入塑膠袋，收進冰箱可保存約1週。

Check!
挑選技巧

1 挑選時留意蔥的外型挺直，蔥青與蔥白部位分明，並選擇蔥白部分結實、潔白且粗細均勻。

2 蔥青若已變黃、纖維老化，或有水傷、蟲咬、腐爛等現象，表示品質不新鮮不宜選購。

青蔥 — 基礎調味品 — 調合調味品 — 常用辛香料 —

基礎萬用
辛香料

Ginger

薑

〔各式烹調〕〔醃漬〕〔做醬〕〔飲料〕〔烘焙〕〔甜點〕〔藥材〕

去腥保鮮，促進身體代謝循環

薑依生長期長短分為「嫩薑」、「粉薑」、「老薑」三種形態。

嫩薑色淺、皮薄肉嫩（粗纖維少）多汁，常用於醃漬或日式料理；粉薑的肉質則介於嫩薑和老薑之間，屬性溫和，常用來爆香，或搭配寒涼食材烹煮降低寒性；老薑也稱薑母，纖維粗、味道辛辣，冬日常拿來煮黑糖薑茶、麻油雞、薑母鴨等，性質溫熱滋補。

不論是煎、煮、炒、滷或燉，也不管是肉類或蔬菜料理，粉薑、嫩薑或老薑，皆有提味去腥的功能，俗諺說：「冬吃蘿蔔夏吃薑，不勞醫生開藥方」，可見薑具養生保健的健康益處。

老薑

嫩薑

粉薑

去腥增味 薑能消除肉類或海鮮的腥羶味，嫩薑爽口、粉薑溫和、老薑辛辣，獨特的嗆辣味和除腥能力，在料理魚、蝦蟹、雞肉、豬肉時發揮到淋漓盡致。

去寒暖胃 把薑切片、切絲或拍碎，和涼性的蔬菜一起炒煮，能達到去寒暖胃的效果，煮地瓜甜湯時加入拍碎的薑，更是冬日最佳暖身甜品。粉薑與老薑的溫質特性，能提高食欲、增進氣血循環，甚至緩解初期感冒症狀。

烘焙飲品 不光是料理，還有常見的薑餅、薑糖、薑茶、薑汁汽水等，歐美也常會在做麵包、蛋糕時加入薑，並製作薑味果醬，兼顧美味與健康。

保存要訣

- 嫩薑擦乾以密封袋或容器盛裝，放進冰箱冷藏且盡快食用完畢。

- 粉薑及老薑只要沒有切口，放置通風陰涼乾燥處可保存一段時間。

- 由於一般家庭的薑用量不會太大，久置乾掉或爛掉非常可惜，建議切片後裝入密封袋或盒，收進冷凍櫃保存，需要時再適量取用。

挑選技巧 *Check!*

1 嫩薑宜挑選塊莖飽滿，尾端鱗片呈嫩粉紅色，外觀無損傷腐爛者。

2 粉薑建議選擇薑皮光滑、無損傷、無腐爛者。

3 老薑則要選擇表面不枯皺、沒有腐爛發霉者為佳。

薑 ── 基礎調味品 ── 調合調味品 ── 常用辛香料 ──

Tips_

蔥薑醬最適合搭配白切雞肉，
蔥薑碎可先和鹽、雞粉拌勻醃
個15分鐘，會更加入味。

A

B

Tips_

如果吃得比較清淡，可自行調
整醬油比例，味道一樣好。喜
歡多點薑味，薑片切好後可用
刀背拍一拍，幫助味道釋出。

A 薑汁燒肉醬_

使用粉薑

沾醬 燒烤 海鮮 魚肉 雞肉 豬肉 牛肉 蔬菜 烤鵝 烤雞 烤鴨

材料

粉薑……………30g
蒜頭……………15g
醬油……………75mL
味醂……………60mL
黃砂糖…………10g
米酒……………30mL
水………………90mL

如何保存

使用前適量製作即可。做好的醬室溫可放8小時，冷藏2-3天。

作法

粉薑洗淨切片，接著把全部材料放入鍋裡，煮開轉小火續煮10分鐘即可。

B 蔥薑醬_

使用蔥＋嫩薑

沾醬 燒烤 海鮮 魚肉 雞肉 豬肉 牛肉 芋頭 地瓜 甜品 飲料

材料

青蔥……………30g
嫩薑……………15g
鹽………………2g
雞粉……………5g
香油……………10mL
沙拉油…………75mL

如何保存

使用前適量製作即可。做好的醬室溫下可放8小時。

作法

1_ 食材洗淨，青蔥、薑都切成碎，和鹽、雞粉一起拌勻，備用。

2_ 沙拉油和香油同時放入鍋中加熱，接著淋在蔥薑碎裡再次拌勻即可。

薑汁燒牛五花_

材料

牛五花肉片⋯⋯⋯⋯180g

薑汁燒肉醬⋯⋯⋯⋯120mL

洋蔥⋯⋯⋯50g

熟白芝麻⋯⋯3g

芝麻油⋯⋯⋯15mL

作法

1_ 洋蔥切絲備用，起鍋放入芝麻油炒香洋蔥絲，再
   下薑汁燒肉醬拌炒。

2_ 接著加入肉片，煮至湯汁收乾時撒上白芝麻，盛
   盤即可。

薑汁燒肉是經典的日式口味,喜歡吃辣可在炒好
的肉上撒七味粉,肉旁亦可擺點高麗菜絲或青蔥
絲,營養更均衡、配色更豐富!

薑 ｜ ｜ 基礎調味品 ｜ 調合調味品 ｜ 常用辛香料 ｜

Garlic

蒜頭

各式烹調 醃漬 醬汁 藥材

豐富蒜素，味道狂野辛辣

蒜頭也稱大蒜，我們食用的是鱗莖部位，其氣味刺激、味道辛辣，新鮮蒜頭較常見白蒜頭與紫蒜頭兩種，至於最近新興的黑蒜頭，則是白蒜頭發酵熟成獲得的產物，少了嗆辣刺激味，口感軟軟的，抗氧化效果優異。

蒜頭去膜後受擠壓破壞，會釋出含硫化合物，叫做蒜素，多攝取蒜素可有效預防、緩解感冒症狀，也能增強免疫力。

蒜頭受層層外皮的包覆保護，使之維持良好的新鮮度，挑選時應避免發芽的蒜頭，因為養分跟口感稍差，還有表皮呈黃褐色或發霉，也是久放變質的警訊。

外觀和蒜頭相似，但表皮呈紫紅色的還有紅蔥頭，甘甜微辣、可提鮮除腥，切片油炸後會變成我們熟悉的油蔥酥，是台式料理增香調味的好幫手。

紅蔥頭

(爆香調味) 大蒜的使用方式非常多樣化，常見炒菜時以油爆香蒜頭，另外在煎、煮、炒、炸、滷也都能廣泛運用，讓風味更豐富。

(去腥醃漬) 大蒜的強烈氣味，可以消弭肉類的腥羶，因此醃肉時常加入拍碎的大蒜醃漬，或包子餡、水餃餡也會添加蔥蒜泥，有去腥並增添風味的效果。

〈 保存要訣 〉

• 通風乾燥是保存大蒜的要點，春季新產的蒜含水量較高，可適度日曬並不時翻動，存放在通風乾燥處；秋冬氣溫降低時，大蒜會開始發芽、變爛，這時要將大蒜保存在冰箱或爐台旁溫度較高處，減緩發芽速度。

蒜頭 — 基礎調味品 — 調合調味品 — 常用辛香料 —

Check!
挑選技巧

1 選購大蒜要掌握「膜亮、肉白、瓣硬、芽短、味淡」五大要點——膜淨白油亮，表示大蒜已完全乾燥，較成熟風味也佳；蒜肉白代表新鮮，拍碎後汁多味濃，也比較耐久放；蒜瓣越硬、芽越短，則是新鮮的象徵。

2 大蒜組織受破壞後，才會產生大家熟悉的蒜味，若購買時已散發強烈蒜味，表示蒜瓣已受損無法久放，最好避免購買。

Onion

〈 洋蔥 〉

炒　炸　煮　滷　燉　醃漬　做醬

生吃辛嗆、煮熟清甜的蔬菜皇后

洋蔥是蔥科蔥屬植物，平時食用的是它的鱗葉部位。洋蔥是食材也是調味品，內含的大蒜素讓它帶有強烈、辛嗆、刺激的氣味，這股味道會刺激眼睛和鼻子，讓人切洋蔥時嗆到眼淚直流。

雖然生洋蔥味道辛辣，但料理加熱後，嗆辣氣息大幅降低，轉化成恰到好處的甘甜味及迷人香氣，涼拌爽口、燉炒清甜，各有優點。同時，洋蔥也擁有極佳的營養價值，富膳食纖維、維生素A、維生素C、鉀等，能降低血糖、預防膽固醇過高。

牛奶洋蔥

牛奶洋蔥，適合燉煮與燒烤

紅洋蔥

紅洋蔥，適合做沙拉

小紫洋蔥

小紫洋蔥，適合醃漬與做沙拉

熱炒爆香 熱炒時先加入洋蔥爆香，待產生香氣後再放肉類一同拌炒，爆香後的洋蔥辛辣度降低，但仍保有甜脆的口感，可廣泛運用在各式料理中。

焦化洋蔥 焦化洋蔥是西式料理經常使用的方法，透過長時間以小火加熱慢炒，促使內含的糖分分解釋放，讓洋蔥呈現漂亮的金黃琥珀色外觀，充分散發清甜香氣與溫潤口感。

製作洋蔥醬 洋蔥切絲後，與蒜、薑的碎丁或泥混合（依喜好可加可不加），再煸香軟化、適量調味，即可做出濃郁美味的洋蔥醬，適合拌飯、拌麵，或當作肉排、魚排的佐餐醬。

〈 **保存要訣** 〉

• 尚未使用的洋蔥，可放置於室溫通風處保存。

• 若已經切開，則需以保鮮膜包覆或放入保鮮盒中，置於冰箱冷藏並盡快使用完畢。

Check!
挑選技巧

1 選擇硬實、外皮光滑、沒有裂開或受傷缺陷的新鮮洋蔥。

2 有時攤商為了方便消費者處理或料理，會販售已剝皮的洋蔥，但剝皮容易使洋蔥的營養、鮮甜流失，還是以選擇帶皮的完整洋蔥較佳。

洋蔥 — 基礎調味品 — 調合調味品 — 常用辛香料 —

Tips_

洋蔥蘋果醬適合搭配豬排跟雞排，味道鹹中又香
甜，如果喜歡醬的口感比較稠，可用少量玉米粉
勾芡。

A

B

Tips_

如手邊沒有新鮮的巴西里，可用乾燥的洋香菜，
風味也很棒。大蒜奶油可推估平常的一次性份量
分開捲包，想吃時適量取出，使用也方便。

A 洋蔥蘋果醬

使用洋蔥

沾醬 燒烤 海鮮 魚肉 雞肉 豬肉 牛肉 麵包 抹醬

材料

蘋果⋯⋯⋯⋯160g

洋蔥⋯⋯⋯⋯50g

蘋果汁⋯⋯⋯200mL

蘋果醋⋯⋯⋯30mL

芥末籽醬⋯⋯30g

鹽⋯⋯⋯⋯⋯2g

黑胡椒粉⋯⋯2g

黑糖⋯⋯⋯⋯15g

無鹽奶油⋯⋯15g

如何保存

使用前適量製作即可。做好的醬室溫可放8小時，冷藏2-3天。

作法

1_ 蘋果削皮，和洋蔥一起切成丁，備用。

2_ 起鍋放入奶油，以中火炒洋蔥、蘋果丁，再加黑糖、蘋果汁、蘋果醋、芥末籽醬，轉小火悶至蘋果軟。

3_ 最後放鹽、黑胡椒粉調味即可。

B 大蒜奶油抹醬

使用蒜頭

沾醬 燒烤 海鮮 魚肉 雞肉 豬肉 牛肉 蔬菜 吐司 麵包

材料

有鹽奶油⋯⋯120g

蒜頭⋯⋯⋯⋯50g

紅蔥頭⋯⋯⋯20g

新鮮巴西里⋯⋯⋯⋯2g

白蘭地酒⋯⋯10mL

如何保存

可事先做起來隨時取用。做好的醬室溫下可放15分鐘，冷藏1-2週，冷凍2-3個月。

作法

1_ 奶油切小塊備用，室溫軟化至手指輕壓會下陷的程度。

2_ 蒜頭、紅蔥頭、巴西里切碎，和軟化的奶油拌勻，同時加入白蘭地酒混合。

3_ 將混勻的大蒜奶油用保鮮膜捲起，放入冷藏或冷凍即可。

嫩煎豬排佐洋蔥蘋果醬_

材料

豬里肌肉⋯⋯⋯160g

白酒⋯⋯⋯⋯⋯30g

中筋麵粉⋯⋯⋯15g

鹽⋯⋯⋯⋯⋯⋯適量

白胡椒粉⋯⋯⋯適量

洋蔥蘋果醬⋯⋯150g

無鹽奶油⋯⋯⋯15g

作法

1_ 把160公克的豬里肌切成兩片，肉排拍打過後，
   用鹽、白胡椒粉、白酒醃漬約15分鐘。

2_ 將豬里肌排正反面沾裹麵粉，起鍋放入奶油，以
   中火煎豬里肌排至兩面上色拿起，再放入烤箱以
   180℃烤6分鐘後盛盤。

4_ 烤豬排的同時，另將洋蔥蘋果醬加熱，後續淋在
   豬排上即可。

Tips_

豬大里肌肉質比較有口感，小里肌比較軟嫩，可
依喜好自行選擇。如不喜歡吃豬排可換成雞排，
肉的料理方式相同。

洋蔥 ｜ ｜ 基礎調味品 ｜ 調合調味品 ｜ 常用辛香料 ｜

313

Lemon
檸檬

醃漬　做醬　飲料

酸香清新富維生素C，果肉果皮皆可運用

檸檬的果肉微澀、味道極酸，帶有清新的香味，富含維他命C與檸檬酸，而當中的檸檬酸，正是形成鮮明酸味的重要關鍵。

檸檬的品種繁多、運用廣泛，除可用於榨汁調配飲品外，也常在料理烹飪或甜點烘焙時使用。檸檬通常以運用果汁及檸檬皮為主，其果肉飽含果汁可以增加酸度，而將果皮洗淨磨下的碎屑，則能替食物增加香氣，但果皮與果肉間的白色內果皮帶有苦味，一般較少使用。

與檸檬相似，也在料理、烘焙或調製飲料時常運用到的就是萊姆了，萊姆與檸檬皆屬於柑橘類，但品種並不相同，檸檬的果皮較厚、較粗糙，嚐起來味道偏酸，而萊姆的皮薄且光滑、無籽，相較下滋味順口不酸澀。

萊姆

檸檬

314

---- 〈 **功能應用** 〉 ----

調製醬料 檸檬汁可提供不同於醋的清香酸味,如果想要增加酸度,卻不希望有醋的酸嗆感,就可用檸檬汁替代,與其他食材搭配製成各式中西醬料,如檸檬蛋黃醬、檸檬奶油醬、泰式酸辣醬等。

料理入菜 檸檬也可以直接入菜,經加熱烹調後,酸味與食材會更加融合,完整釋放檸檬的香氣,如清蒸檸檬魚、香料檸檬雞等,有時海鮮料理旁也會擺一塊檸檬擠汁,除腥並增添風味。

皮屑提味增香 使用刨刀削下檸檬表面的皮屑,可用於烘焙和各式料理中,取其香氣讓風味層次提升。

---- 〈 **保存要訣** 〉 ----

• 未使用的整粒檸檬,可放置於室內的陰涼通風處。

• 若已經切開、切片或剖半,則需收入玻璃盒罐中密封且置於冰箱冷藏,並盡快使用完畢。

1 選購時應挑選表面光亮、綠中帶黃者,果實的外型飽滿硬挺,無破損或凹陷。

2 如需使用表皮,則應選擇無毒或有機檸檬較為安心。

檸檬醃蘿蔔

材料

白蘿蔔⋯⋯⋯1kg
檸檬汁⋯⋯⋯90mL
鹽⋯⋯⋯⋯⋯5g
白醋⋯⋯⋯⋯100mL
白砂糖⋯⋯⋯120g

作法

1_ 白蘿蔔洗淨不去皮先切長條，再切成約0.5公分的薄片。

2_ 鹽和切好的白蘿蔔片混合抓勻，先醃2-3小時，上頭可放重物壓住，幫助蘿蔔脫水。

3_ 接著將蘿蔔水盡量倒出，蘿蔔片水分越少越好。

4_ 將白醋和砂糖放入鍋內轉小火煮至糖溶解，放涼後加入檸檬汁。

5_ 在玻璃罐或保鮮盒中放入白蘿蔔片並倒下醬汁，蓋子關緊放冰箱冷藏1-2天待入味即可。

Tips_

甜度可依個人喜好去調整，蘿蔔皮的部位醃
過特別脆，有的人很喜歡脆口感，如不習慣
可先削皮再製作。

檸檬 ｜ 基礎調味品 ｜ 調合調味品 ｜ 常用辛香料 ｜

Pepper
胡椒

炒　焗　醃漬　調味　做醬

香氣特殊，全世界最普及的調味料

胡椒有「香料之王」的稱號，早期不被當作調味品而是藥材，用於治療腹痛、胃病、風寒等。由於當時胡椒取得不易，因此價格也不菲，在歷史發展的過程裡，胡椒影響了航海大發現及貿易、戰爭，如今，胡椒深刻融入飲食生活中，成為世上人們最常使用的香料。

胡椒果實完全成熟前，表面呈綠色，後續才慢慢轉變成紅色。綠胡椒摘下後經日曬或烘烤，會逐漸收縮呈黑色，成為我們常見的黑胡椒色，成為我們常見的黑胡椒

粒。其實白胡椒、紅胡椒、綠胡椒等，都是指同一種果實，但因採收時機與處理方式不同，使外觀有所差異。

黑胡椒香中帶辣，運用最廣也最頻繁；綠胡椒辣味清新，常見於東南亞料理中；白胡椒較溫和，多用於提味、添香、增加層次；紅胡椒則帶有微微的酸度，色澤亮麗適合擺盤裝飾。

黑胡椒粒

彩色胡椒粒

(醃漬食材) 胡椒磨成粉後,可用於醃漬肉類及海鮮,發揮去腥添香的功用。

(製作醬料) 胡椒也能與其他調味品一起搭配或製作醬料,例如胡椒鹽、黑胡椒醬、蒜香奶油胡椒醬等。

(增香提味) 於各種食材或料理加入胡椒,能增加風味與香氣,常運用在蛋類、沙拉、肉類、海鮮、湯類、蔬菜,一丁點就有畫龍點睛的效果,香氣開胃。

〈 **保存要訣** 〉

• 不同顏色的胡椒不僅風味各異,呈顆粒、碎粒、粉狀等型態也影響用途,可依料理需求和使用習慣選擇。

• 新鮮胡椒的香氣濃郁有些刺激,購買前請先查看成分標示,了解有無添加物,亦可購買胡椒原粒,每次使用前適量現磨更香更新鮮。

CHECK!
挑選技巧

1 新鮮的生胡椒顆粒水分較多,應收入冰箱冷藏,並盡快食用完畢。

2 一般乾燥的罐裝胡椒應將瓶蓋鎖緊,散裝胡椒則倒入密封罐內,皆置於陰涼通風處保存避免受潮。

胡椒鹽

胡椒碎

胡椒 ─ 基礎調味品 ─ 調合調味品 ─ 常用辛香料 ─

香辣胡椒蝦_

材料

泰國蝦⋯⋯⋯250g
白胡椒粉⋯⋯10g
黑胡椒粉⋯⋯5g
花椒粉⋯⋯⋯5g
鹽⋯⋯⋯⋯⋯5g
米酒⋯⋯⋯⋯125mL
無鹽奶油⋯⋯15g

作法

1_ 泰國蝦洗淨，先把鬚剪掉、腳剪短，另將白胡椒
   粉、黑胡椒粉、花椒粉、鹽、米酒拌在一起。

2_ 起鍋放入奶油拌炒蝦子，再放下醬汁繼續拌炒均
   勻，加蓋悶至水分收乾即可。

山林裡的黑珍珠──「馬告」

馬告即為山胡椒，又名山雞椒、山椒子、山薑子
等，是台灣原生植物。「馬告」來自泰雅族語，其
意為充滿生機，雖然外觀跟黑胡椒十分相似，但
味道卻大不相同，散發著清
新的檸檬香氣，辛辣中又
帶點薑的氣味，是原住
民熱愛的傳統香料，人
們也常用它來搭配肉類
或煮湯，滋味清爽鮮香。

Tips_

泰國蝦的個頭大、肉質結實，幾乎皆為人工淡水養殖，
烹調時務必煮熟。

Coriander

香菜

裝飾 調味 煮湯 做醬

香菜

香菜籽

製作料理亦可藥用，全株植物皆能食用

香菜又稱為芫荽、胡荽，原產於地中海地區，其香味濃厚且特殊，點綴料理時，常被視為最搶戲的配角，散發的特殊香氣與所含的醛類物質有關，人們對它喜好接受度十分兩極。

香菜的營養價值高，富維生素和礦物質，梗、葉、籽各部位皆能食用，香菜的葉與梗常作為調味料，新鮮的香菜葉翠綠軟嫩，經高溫加熱會減弱味道，如果喜歡香菜的風味則可選擇生吃，或在料理起鍋前撒一些點綴增味。

黃棕色的香菜籽（coriander seeds），曬乾後可當香料使用，保存時間較長。早期歐洲人慣以香菜籽掩蓋肉品的不良氣味，或加入料理與調酒中。

⟨ **功能應用** ⟩

剁碎做醬 香菜切碎後，可與其他調味料及食材製作醬料，例如加酪梨、番茄、洋蔥、一點檸檬汁，就是酪梨莎莎醬；而跟蒜泥、魚露、檸檬汁混合，便成了泰式風味的基底醬料。

增香提味 香菜葉常用於料理完成後的提香，洗淨後直接撕碎或切碎撒上，嫩梗則可與肉類或海鮮一起熱炒，如家常美食「香根牛肉」就是使用香菜的根梗，在燉湯時加入增添香氣也非常好用。

⟨ **保存要訣** ⟩

• 用白報紙或牛皮紙將新鮮香菜捲起後收入冰箱，約可存放3-5天。

• 香菜籽可收入密封罐中保存，置於室內通風陰涼處。

Check!
挑選技巧

1 挑選新鮮香菜時，應選擇色澤翠綠、挺直飽滿、葉型完好不軟爛的，如有腐爛或腥臭味則應避免。

2 香菜籽多磨成粉使用，但磨粉後揮發氧化會使香氣變淡，因此可購買整粒的香菜籽，食用前再研磨即可。

Tips_
除了羅勒外，香菜也很適合製作青醬，香氣十分
特別，喜好起司味者，在步驟2可自行加入起士粉
一起攪打成青醬。

香菜青醬

材料

香菜葉⋯⋯⋯45g

蒜頭⋯⋯⋯10g

松子⋯⋯⋯15g

橄欖油⋯⋯⋯80mL

鹽⋯⋯⋯⋯適量

白胡椒粉⋯⋯適量

如何保存

使用前適量製作即可。做好的醬室溫下可放2-3小時，冷藏2-3天。

作法

1_ 香菜葉洗淨擦乾，備用。

2_ 準備果汁機或調理機，把香菜、蒜頭、松子放入，再慢慢加橄欖油打成泥，最後加入鹽、白胡椒粉調味即可。

香菜 ｜ 基礎調味品 ― 調合調味品 ― 常用辛香料 ―

Column

〈 多變化的牛排搭配 〉

在家就能煎出原味牛排

材料

翼板牛排⋯⋯⋯220g

湖鹽⋯⋯⋯⋯⋯適量

黑胡椒碎⋯⋯⋯適量

橄欖油⋯⋯⋯⋯15mL

無鹽奶油⋯⋯⋯15g

新鮮百里香⋯⋯1支

作法

1_ 牛排先用鹽、黑胡椒碎調味。

2_ 起鍋以大火燒熱鍋子，先放入橄欖油，再放
牛排煎至兩面上色。

3_ 放入奶油、百里香，用湯匙把奶油回淋到牛
排兩面，煎至喜歡的熟度即可。

Tips
|

翼板牛排是牛的肩胛骨部位，
而肋眼為台灣人熟悉的沙朗牛
排，肉質嫩度僅次於菲力，菲
力則是牛的腰內肉，也是牛隻
全身上下肉質最嫩的地方，依
喜好的口感選擇部位烹調。

Column

多變化的牛排搭配

紅酒牛排醬

Tips_
拿一支湯匙沾一下醬汁，然後湯匙轉到背面用手指劃條橫線，如果留下明顯的痕跡，即達到醬汁最佳的稠度。

【材料】

牛高湯　200mL
紅酒　250mL
橄欖油　15mL
無鹽奶油　20g
紫洋蔥　80g
中筋麵粉　15g
黑胡椒粗碎　適量

如何保存

可事先做起來隨時取用。做好的醬室溫下可放8小時，冷藏2-3週，冷凍5-6個月。

【作法】

1_ 紫洋蔥切碎，起鍋放入橄欖油、奶油，以中火炒香紫洋蔥碎。

2_ 放入麵粉一起拌勻，再加紅酒燒煮，接著加牛高湯轉小火煮至變稠，關火過濾後再放黑胡椒碎即可。

【材料】

洋蔥　80g
蒜頭　10g
味醂　45mL
淡醬油　45mL
水　60mL
清酒　15mL

如何保存

使用前適量製作即可。做好的醬室溫下可放2-3小時，冷藏2-3天。

【作法】

1_ 洋蔥、蒜頭切成末，和味醂、淡醬油、水、清酒全部混合。

2_ 入鍋煮開轉小火，慢慢煮至洋蔥變透明，此時洋蔥的辛辣會轉為甜味，煮至醬汁濃縮剩一半即可。

黑胡椒牛排醬

【材料】

牛高湯　250mL	蒜頭　15g
沙拉油　10mL	黑胡椒碎　35g
無鹽奶油　15g	培根　20g
液態奶油　30mL	中筋麵粉　20g
梅林辣醬油　20mL	鹽　適量
番茄糊　15g	白蘭地酒　15mL
洋蔥　80g	

如何保存

可事先做起來隨時取用。做好的醬室溫下可放8小時，冷藏2-3週，冷凍5-6個月。

【作法】

1_ 洋蔥、蒜頭、培根都切碎，黑胡椒碎乾鍋炒出香味，備用。

2_ 起鍋放入沙拉油、奶油，炒香培根、蒜頭、洋蔥碎，再加黑胡椒碎拌炒。

3_ 接著把番茄糊、麵粉放入混合，再加白蘭地酒煮至酒精揮發。

4_ 倒下牛高湯用攪拌器拌勻，加入梅林辣醬油轉小火慢慢煮至變稠，最後放鮮奶油煮開即可。

Tips_ 黑胡椒碎可先用乾鍋略微拌炒或用烤箱烘烤，香味才會出來。

和風洋蔥牛排醬

Tips_ 也可用調理機把洋蔥、蒜頭打成泥，煮出來的醬汁口感會更細緻。

Star Anise

〈 八角 〉

滷　燉　紅燒　醃製　飲料　入藥

帶山楂和甘草味，滷肉必備的香氣來源

八角原產於中國南部及越南，顧名思義，果實擁有八個如星芒般的尖角，別名為八角茴香或大茴香。乾燥後的八角，色澤近深褐色或深紅色，聞起來獨特辛香味濃厚，帶點山楂和甘草氣息，中醫認為其藥性溫熱，具散寒、理氣、舒緩疼痛之效，入藥與烹飪皆悠久歷史。

八角最常用於醃漬及燉、滷，因甜味和甘草類似，有時會當作甘草的替代品，成為料理或烘焙的甜味來源。特別需要注意的是，另有一

種植物果實「日本莽草」，跟八角長相非常相近，但莽草的葉與果實有毒不能食用，簡易的辨別法是八角的體型飽滿，有8個角（視大小有6-9隻的差別），而莽草至少有10個角（或11-13隻），千萬不要弄錯。

330

增添風味 五香粉的材料包括八角、白胡椒、丁香、小茴香籽及肉桂,各家廠牌略有差異,這款複方香料可醃肉、蒸肉,最常在滷、燉時加入,滋味辛香又甘甜。八角用量不大,不論滷、燉或紅燒,一、兩粒就足以增添風味。

去腥減羶 許多肉類、海鮮料理,尤其以紅燒、燉滷的方式烹飪而成的菜餚,都可見到八角的蹤跡,以獨特香辛味發揮去腥、提香、增味的功用。

甜味香氣 八角的甜味與甘草相似,有時會拿來當作料理的甜味來源,部分烘焙甜點及飲品也會運用八角。

〈 保存要訣 〉

• 八角屬於乾燥類辛香料,通常購買前皆已經過乾燥處理,原則上只要保持乾燥,避免受潮或發霉即可。若放進乾淨的密封袋、密封罐或保鮮盒內再置於冷藏,可存放兩年左右。

• 八角研磨成粉則可儲放半年至一年。若使用時發現受潮或發霉,則丟棄不用。

挑選技巧

1 個頭大、飽實的八角香氣較濃厚,個頭小或破碎不全則味道較淡、品質略差,建議選購形狀完整的八角。

個頭大的八角氣味香濃

Clove

丁香

滷　燉　紅燒　醃製　醬汁　飲料　甜點　藥材

狀似釘子，鹹甜料理皆宜

丁香在香料中非常特別，是唯一使用到花蕾部分的香料，具有強烈的香氣與味道，甜鹹料理都合適。

丁香的香味濃郁，被稱為「香氣最濃的香料」，常用於肉類料理，尤其與鴨肉、牛肉等濃厚風味的肉類相當合拍。除了適合味道濃厚的肉類料理，由於丁香具有豐厚的香甜氣息，也常應用在烘焙、飲品或者甜點中。

去除肉腥 常使用在肉類的燉煮料理中，可增添香氣、去除肉腥味。丁香磨成粉揉入絞肉裡，也同樣有極佳的除腥增香效果，更能突顯料理的風味層次。

增香添味 丁香乾燥後磨成丁香粉，印度家庭常將之和肉豆蔻、肉桂等綜合辛香料混合，添加在各式料理中，濃厚的香氣讓人胃口大開。

甜點飲品 丁香具馥郁的香甜氣息，也常應用在烘焙、飲品或甜點上，適合搭配葡萄酒、水果、巧克力，也普遍使用在醃漬食品、製作蜜餞或釀酒製茶中。

挑選技巧
Check!

1 選購形體完整、鮮紫棕色、粗壯、香氣強烈的整顆丁香為佳，磨粉後香味較易散失、保存不易。

〈 **保存要訣** 〉

• 乾燥丁香顆粒可置於密封容器保存，不論是密封袋、玻璃罐或保鮮盒皆可，只要隔絕空氣並避免日光直射和受潮，應可保存一年左右。

• 丁香粉較易散失香味，除了密封且避免日曬、受潮外，應盡快使用完畢。

丁香 ｜ 基礎調味品 ｜ 調合調味品 ｜ 常用辛香料 ｜

Tips_
如果想讓味道更好，中藥材可乾鍋先炒過，
香氣更棒。

A

B

Tips_
丁香是藥材亦是香料，可為肉類去
腥，常在滷汁中添加。這道醬因為
是烤肉塗醬，所以煮得越濃稠越容
易沾附在食材表面。

A 台式香滷汁_

使用八角

滷肉 滷豆干 滷蛋 魚肉 雞肉 豬肉 牛肉 蔬菜 飯麵

材料

青蔥	50g
老薑	120g
醬油	150mL
米酒	200mL
白砂糖	80g
水	1.5L
蔬菜油	15mL

滷包袋

草果	3粒
小茴香	2g
花椒	3g
甘草	3g
八角	2g
丁香	2g
滷包棉袋	1個

如何保存

可事先做起來隨時取用。做好的滷汁室溫下可放8小時，冷藏2-3週，冷凍5-6個月。

作法

1_ 青蔥切段、薑拍扁，另將所有香料和中藥材放入滷包袋綁起。

2_ 起鍋放入蔬菜油爆香薑、青蔥，再放砂糖、米酒、醬油煮開後加水，接著放滷包袋煮開轉小火即可。

B 丁香燒肉醬_

使用丁香

沙拉 燒烤 海鮮 魚肉 雞肉 豬肉 牛肉 蔬菜 飯麵 雞蛋

材料

丁香	5g	洋蔥	60g
蘋果	80g	白酒	50mL
水梨	80g	番茄糊	50g
檸檬汁	30mL	黑糖	60g

作法

1_ 食材洗淨，蘋果、梨子去皮切塊，洋蔥切塊用果汁機打成泥，全放鍋裡。

2_ 整鍋加熱並放白酒、丁香、黑糖、番茄糊攪拌均勻，慢火煮至稠狀。

3_ 最後加檸檬汁拌勻，挑掉丁香放冷即可使用。

如何保存

可事先做起來隨時取用。做好的醬室溫下可放8小時，冷藏2-3週。

Cinnamon

肉桂

滷 燉 烘焙 飲料 入藥

香甜濃郁、微微辛嗆，活血又健胃

肉桂粉

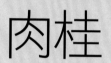

肉桂棒

肉桂為樟科樹木的乾燥樹皮，本身散發濃郁辛香的氣息，盛產於斯里蘭卡、印度、印尼、台灣、中國等，因各地風土與生長條件差異，產生不一樣的辛香程度，例如錫蘭栽植的肉桂，就以香甜濃郁的氣息廣受喜愛。

我們平時所見的肉桂棒，是由肉桂樹皮曬乾捲成條狀製成，另有研磨而成的肉桂粉，還有塊狀的肉桂片，市面上以棒狀跟粉狀較容易購得，也最被廣泛運用。由於肉桂散發溫暖的甜香，在歐美，常在烤焙甜點或燉煮水果時派上用場，搭配其他

功能應用

燉煮增味 肉桂適合燉煮料理或熬湯，加熱後味道釋放料理中，溫潤又濃郁。

滷包香料 台式滷包的常用配方為肉桂、八角、小茴香、花椒與丁香，滷肉或燉煮料理時，含肉桂的滷包配方屬性辛溫，既能降低肉羶味並增添風味。

烘焙飲品 烘焙甜點、調製飲品時，肉桂也是常見的提味成分之一，不論是肉桂捲、蘋果派、薑餅，或印度奶茶、卡布奇諾等，都因肉桂更顯香濃、美味。

保存要訣

• 為了防止產生油耗味，減緩香氣散失並避免蟲蛀，肉桂棒與肉桂粉應置於密封容器中，避免陽光直射保存在陰涼乾燥處，以免受潮、變質。

Check!
挑選技巧

1 購買肉桂棒時，建議挑選手感較沉重、質地較堅硬、香氣濃厚且帶點油潤感為佳。

2 肉桂粉的運用範圍更廣，但一磨成粉後與空氣接觸面積大，會加速香氣散失，所以每次少量購買較好。

香料還能煮成暖呼呼的熱紅酒，在亞洲，肉桂則廣泛運用於肉類烹調。

與肉桂相似，東方常使用的還有桂皮，桂皮質地較厚且粗糙，因外觀和味道皆與肉桂接近，所以兩者常被混用，都具有暖身祛寒、溫經止痛之效。

材料

豬肋排	350g	黑胡椒粒	6粒
洋蔥	60g	水	1L
紅蘿蔔	60g	鹽	5g
西洋芹	60g	肉桂燒烤醬	60mL
月桂葉	2片	（醬作法請參考P.343）	

作法

1_ 將洋蔥、紅蘿蔔、西洋芹洗淨切塊，和水、月桂葉、黑胡椒粒、鹽和豬肋排一起放入鍋裡煮，煮約45分鐘夾起，豬肋排和蔬菜分開。

2_ 肋排用刷子塗上烤醬，送入烤箱以200℃烘烤，肋排不定時拿出補刷醬汁，烤至上色熟透。

3_ 取一大盤，把肋排、蔬菜一併擺放盛盤即可。

Tips_

豬肋排可先稍微醃漬一下，或者反覆多
刷幾次醬汁才會入味。

肉桂 — ｜ — 基礎調味品 — ｜ — 調合調味品 — ｜ — 常用辛香料 — ｜

Sichuan Peppercorn
花椒

滷 燉 煮 炒 炸 入藥

香麻帶勁，麻辣口味的幕後功臣

花椒又名大椒、川椒、蜀椒，以「麻」的口感聞名，用香辣滋味讓人們留下深刻的印象。常見的紅色花椒，依顆粒大小區分成大紅袍與小紅袍，大紅袍味道香、麻味溫和，小紅袍相對較辣、麻味略淡；除此，還有綠色的青花椒麻味辛嗆十足，最常出現在川式料理。

從中醫的角度，花椒味辛性熱，可溫中散寒、祛濕止痛。在中國，花椒屬的植物如貢椒、青花椒、藤椒等品種眾多，經驗老道的川菜師

傅甚至會同時混用兩三種椒烹煮，幫助料理展現深刻的韻味。

在台灣，運用的品種以紅花椒最為普遍。花椒雖麻，但因為屬於香料的一種，所以香氣也獨到出眾，烹煮肉類、海鮮時，就是去腥添香的好幫手。

⟨ **功能應用** ⟩

（調味除羶）利用煸炒或油炸的方法，最能釋放花椒的麻味，調味同時增添香麻感、去除肉羶味，讓人食慾倍增。

（製作香料粉）花椒磨成粉，可與其他辛香料調配出「五香」或「十三香」調味粉，也常加在滷味裡提供清香麻辣的口感。

（煉花椒油）花椒油有兩種做法，一是將花椒、麻椒及少許八角浸入熱油同煮；二是將熱油沖入乾式辛香料中浸泡，冷卻後便成了香氣與口感俱佳的花椒油，熱炒涼拌皆好用。

⟨ **保存要訣** ⟩

• 為免花椒受潮，請勿長時間日光直射或曝露空氣中，以免香氣變淡或變質。

• 最好的保存方式是利用密封袋、密封盒罐盛裝，置於室內通風陰涼處（可不冰）；若收入冰箱冷藏反而容易受潮，建議冷凍可保存更久一點。

花椒 — 基礎調味品 — 調合調味品 — 常用辛香料 —

Check!
挑選技巧

1 品質佳的花椒顏色紫紅、較鮮豔且有光澤，能呈現較濃的香味與麻感；次一級則是暗紅、暗綠或黑色的花椒，因放置時間較久，辣感和香氣稍差。

2 保存不當的花椒，受潮會產生白膜，購買前請多留意。

342

Tips_
可依個人喜好酌量調整配
方比例。肉桂為中西方皆
愛用的經典香料,能替肉
類增香提味,同時適用於
料理鹹食和甜食。

A

B

Tips_
麻婆豆腐香辣下飯,喜好
吃辣者,可把辣椒換成乾
辣椒,辣味更足。

A 麻婆豆腐醬 使用花椒

豆腐 燒烤 海鮮 魚肉 雞肉 豬肉 牛肉 蔬菜 飯麵 雞蛋

材料

花椒粒	15g	香油	10mL
豬絞肉	300g	白砂糖	5g
蒜頭	15g	鹽	適量
辣椒	15g	水	250mL
醬油	10mL	太白粉	5g
辣豆瓣醬	15g	蔬菜油	15g

如何保存

使用前適量製作即可。做好的醬室溫下可放8小時，冷藏2-3週。

作法

1_ 蒜頭、辣椒切碎，備用。

2_ 起鍋放入蔬菜油，先加花椒炒香，再將花椒撈起，留下花椒油。

3_ 原鍋放入豬絞肉拌炒至肉熟，再加蒜頭、辣椒碎、辣豆瓣醬、醬油、砂糖、水煮開後轉小火慢慢煮出味道，接著以鹽調味、太白粉勾芡，最後淋上香油即可。

B 肉桂燒烤醬 使用肉桂

沙拉 燒烤 海鮮 魚肉 雞肉 豬肉 牛肉 蔬菜 飯麵 雞蛋

材料

肉桂粉	5g
薑粉	3g
茴香粉	2g
甜椒粉	2g
番茄醬	200mL
蘋果醋	60mL
紅糖	30g
橄欖油	50mL

如何保存

可事先做起來隨時取用。做好的醬室溫下可放8小時，冷藏2-3週。

作法

所有的材料混合拌勻即可。

Fermented Black Soybean

〈 豆豉 〉

炒　煮　蒸　醃製　醬汁　入藥

豆類醃漬發酵而成，豆香鹹甘

據說中國人吃豆豉的歷史，大約等同於醬油的發展史，人們將製醬剩下的豆粒稱為「豆豉」。豆豉也稱蔭豉、鹽豉，是一種發酵產品，主原料是黃豆或黑豆，依型態又分乾豆豉與濕豆豉，保留了顆粒口感和鹹甘氣味，廣泛運用於料理。

豆豉獨特的豆香可以促進食慾，中醫也將豆豉入藥，認為豆豉性平、味甘微苦，風寒感冒時，吃些屬性溫熱的蔥白豆豉粥等藥食，能幫助體內寒氣發散。

平時料理以黑豆豉最為常見，但白豆豉也是傳統的好滋味唷，老一輩自製的鳳梨豆豉醬，以鹽、糖、甘草醃漬鳳梨塊和乾白豆豉，做出的鳳梨豆醬結合豆豉的鹹鮮與水果的甜香，常用以蒸魚或熬煮雞湯，絕妙的古早味令人難忘。

〈 功能應用 〉

調味增香 豆豉為黑豆或黃豆發酵而成，不論濕豆豉或乾豆豉，都帶有發酵後特殊的豆香與鹹味，能替料理帶來甘甜鹹香，賦予更深刻的風味。

去腥除羶 豆豉適用於蒸、炒、拌，特殊香氣能調和海鮮的腥臭及肉類的羶味，料理時利用豆豉的鹹香引出魚與肉的甘甜同時去腥除羶，受歡迎的經典菜如豆豉蒸魚、豆豉鮮蚵、豆豉排骨等。

沾醬醬汁 除了在烹煮料理時扮演調味要角，豆豉也可製作醬料直接沾食，如豆豉辣椒醬、蒜蓉豆豉醬。

〈 保存要訣 〉

• 不論是乾豆豉或濕豆豉，都得留意不要受潮以免發霉。請以乾燥、乾淨的餐具取用或直接倒出，避免水分及異物汙染變質。

• 將豆豉收在密封袋或瓶罐器皿內，避免與空氣直接接觸，並置於冰箱內冷藏，較不易酸敗。

 Check!
挑選技巧

1 挑選時以顆粒完整飽滿為佳，聞起來應該散發醬香而沒有霉臭味，如可品嚐應了解是否鹹淡適中，並留意有無變質或發霉的警訊。

豆豉 — 基礎調味品 — 調合調味品 — 常用辛香料 —

Tips_

如果喜歡吃辣，可另將適量朝天椒剁碎，
在步驟2時跟蒜蓉一起加入拌炒，豆豉醬
就會變得又香又辣。

蒜蓉豆豉醬_

沾醬 羊肉 海鮮 魚肉 雞肉 豬肉 牛肉 蔬菜 麵包 麵飯

材料

乾黑豆豉……120g

蒜頭…………20g

蔬菜油………90mL

白砂糖………15g

鹽………………5g

如何保存

可事先做起來隨時取用。做好的醬室溫下可放置1週，冷藏1-2個月。

作法

1_ 蒜頭去皮，用調理機打成蒜蓉，豆豉泡水後濾乾水分，可用紙巾稍微擦乾。

2_ 起鍋加入蔬菜油，用小火炒豆豉至散發香味，再加入蒜蓉、鹽、白砂糖。

3_ 拌炒至蒜蓉散發香味，關火放冷即可裝罐。

豆豉 ‧ — 基礎調味品 — 調合調味品 — 常用辛香料 —

Cumin

孜然

`烤` `燉煮` `醃製` `飲料` `烘焙` `藥材`

芳香氣味濃烈，料理入藥歷史悠久

孜然又名小茴香、阿拉伯茴香，不論是新疆的烤羊肉、土耳其的烤肉串，或者印度的雞、羊料理，甚至在西班牙、法國等地，都常見用孜然調味的美味佳餚。

孜然的氣味濃烈，遇上高溫更會釋放香氣，除了烤肉前以孜然粉醃漬肉類，燒烤時直接撒上也會更入味，還很適合煎、炸、炒等烹調方式。若是使用孜然顆粒，可先以油煸炒讓香氣進入油中，倘若是褐色的孜然粉，炒煮時可替代其他調味料，切勿過量。

為菜餚帶來清爽天然的鮮味。

孜然本身具有殺菌防腐的功用，中醫認為，孜然的性味辛溫，具溫中暖脾、祛寒開胃之效，但體質容易上火者，食用時切勿過量。

〈 **功能應用** 〉

- - - - - -

（去羶增香） 孜然具強烈的香氣及些微辛辣的口感，能消弭肉類腥羶味，香氣濃郁獨特，還能去油解膩促進食慾。

（綜合香料） 孜然是印度綜合香料的主成分之一，也是坦都里烤雞不可或缺的調味，印度料理常出現的辛辣香氣，就是來自孜然粉與胡荽粉。

（烘焙飲品） 熱愛運用香料調味的國家，幾乎都常將孜然運用在麵包、烤餅、調味汁、佐料、燒烤或燉煮料理上，有時也會製成飲品，如印度香料奶茶。

〈 **保存要訣** 〉

- - - - - -

- 顆粒狀的孜然籽請收入密封容器內，避免陽光直射、受潮發霉，室內常溫存放即可，也可收入冰箱冷藏延長保存時間。

- 由於粉狀孜然的香氣容易散失，開封後建議儘早使用完畢。

Check!

挑選技巧

1 新鮮孜然的種籽很硬，不易研磨，建議一次不要購買太多，挑選時以顏色偏綠者較為新鮮。

2 若手邊沒有研磨器具，也可挑選已乾燥碾碎的孜然粉，運用範圍更廣。

孜然粉

孜然 — 基礎調味品 — 調合調味品 — 常用辛香料 —

Basil

〈 九層塔 〉

炒　煎　炸　醃漬

香氣迷人，熱炒三杯料理都能派上用場

九層塔為羅勒的品種之一，葉與花皆可食，因花朵如塔狀層層堆疊，因此獲得「九層塔」的稱號，在廣東地區，九層塔被稱為金不換，以特殊、些微刺激的濃厚香氣讓人大呼過癮。

九層塔含維生素A、B群、C、礦物質，能提升免疫系統，幫助改善鼻竇炎、支氣管炎；而從中醫的角度，也認為九層塔味辛性溫，具疏風解表、化濕活血之效。

羅勒是一個品種多元的大

家族，有甜羅勒、檸檬羅勒、聖羅勒等，九層塔雖屬其中的一員，被台灣人廣泛運用在料理，但若要煮大家所熟悉的青醬義大利麵，使用的其實是味道淡而不澀、葉形圓胖、色澤青翠的甜羅勒，而不是葉形細長、口感較澀、氣味偏重的九層塔唷！

(增香提味) 九層塔香氣特殊,可加入羹湯或與食材一同油炸,少許就能提味增香,如茄子、豆腐等味道較平淡的食材,和九層塔共煮也會豐富味覺與香氣。

(去腥提鮮) 許多海鮮、蝦蟹貝類料理,如炒海瓜子、炒魷魚等,起鍋前會加些九層塔,藉濃厚香氣去除水產腥味,讓鮮香味倍增。

(料理入菜) 不論是切碎後與蛋液混合,煎出香噴噴的九層塔炒蛋,或是起鍋前撒下一把九層塔拌炒的三杯雞,九層塔與食材搭配融洽,一舉擄獲老饕的心。

〈 **保存要訣** 〉

• 新鮮的九層塔不耐久放,建議儘早食用完畢。

• 若自己栽植,整株九層塔剪下後可插在水裡摘葉子使用,延長保存時間。

• 先將九層塔擦乾,再以白報紙或牛皮紙包起,收入塑膠袋或保鮮盒密封,置於冰箱冷藏可保存約一週。

挑選技巧

1 九層塔以新鮮為佳,若只是偶爾點綴替料理增味,在陽台栽一小盆隨時取用就很方便了。

2 市場上常見九層塔袋裝販售,選購時不妨留意是否已萎軟發黑,較不新鮮請避免選購。

九層塔 ── 基礎調味品 ── 調合調味品 ── 常用辛香料 ──

Tips_

九層塔葉先以熱水燙過，取
出泡冷水並濾乾水分再去打
泥，可保持顏色的翠綠。

A

B

Tips_

孜然又名小茴香，風味獨特常
用於增香調味，也很適合替燒
烤肉類增加香氣，可依個人喜好
酌量調整用料配方，不僅香氣十
足還有些微的顆粒口感。

A 孜然燒烤醬

使用孜然

熱炒 燒烤 醃漬 羊肉 雞肉 豬肉 牛肉 蔬菜 飯麵 菇類 雞蛋

材料

孜然粉⋯⋯⋯40g
紅辣椒粉⋯⋯20g
白砂糖⋯⋯⋯15g
米酒⋯⋯⋯⋯20mL
鹽⋯⋯⋯⋯⋯10g
白胡椒粉⋯⋯15g
蔬菜油⋯⋯⋯50mL
白芝麻⋯⋯⋯10g

如何保存

可事先做起來隨時取用。做好的醬室溫下可放置1週，冷藏1-2週。

作法

將所有材料混合均勻，攪拌至粉類散開不結塊即可。

B 九層塔沙拉醬

使用九層塔

沾醬 火鍋 海鮮 魚肉 雞肉 豬肉 牛肉 生菜 飯麵 雞蛋

材料

九層塔葉⋯⋯150g
美乃滋⋯⋯⋯100g
鹽⋯⋯⋯⋯⋯適量
白胡椒粉⋯⋯適量
涼開水⋯⋯⋯15mL

如何保存

使用前適量製作即可。做好的醬室溫下可放置1-2小時，冷藏1週。

作法

將九層塔葉加點涼開水打成泥，再加入美乃滋、鹽、白胡椒粉續打成醬汁即可。

───⟨ 有了它們，讓蒸魚味道更鮮美 ⟩───

清爽口味
破布子醬

【材料】
破布子（含湯汁）　15g
米酒　15mL
醬油　5mL
香油　10mL
老薑　5g
青蔥　10g

如何保存
做好的醬室溫下可放置8
小時、冷藏1週，蒸魚前淋
在魚上即可。

Tips_
破布子為樹木的果實，醃漬後可用於炒、煲湯、製醬等烹調用途，市售破布子多為玻璃罐裝，在超市或雜貨店可購買到，貨架上常和醬瓜類擺在一起。

【作法】
將青蔥和薑切成絲，和破
布子、米酒、醬油、香油
拌勻即可。

【材料】

紅辣椒 15g	香油 10g
紅椒 10g	白醋 15mL
青蔥 10g	鹽 適量
老薑 5g	白胡椒粉 適量
蒜頭 5g	

如何保存

做好的醬室溫下可放置8小時、冷藏1週，蒸魚前淋在魚上即可。

【作法】

將紅辣椒、紅椒去籽，和青蔥、薑、蒜頭都切碎，再和香油、白醋、鹽、白胡椒粉拌勻即可。

酸辣口味
酸辣蔥香醬

Tips_
比起泰式檸檬魚的酸辣味十足，這道中式的酸辣蔥香蒸魚，口味比較溫和一點，如果喜歡吃辣，可將辣椒改成朝天椒。

甘甜口味
醃冬瓜醬

Tips_
配方比例可依個人喜好酌量調整。古早味的醃冬瓜，以冬瓜、蔭油、冰糖等原料醃漬而成，滋味鹹甜甘，不只可以拿來蒸魚，也很適合燉煮雞湯。

【材料】

醃冬瓜 20g	
老薑 5g	
辣椒 5g	
水 60mL	
白砂糖 5g	
香油 15mL	

如何保存

做好的醬室溫下可放置8小時、冷藏1週，蒸魚前淋在魚上即可。

【作法】

醃冬瓜先搗成泥，辣椒去籽和薑一起切碎，再放水、白砂糖、香油混合均勻即可。

Lemon Grass

香茅

醃漬 去腥 燉煮

散發檸檬香氣，經典的南洋風味

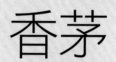

香茅又名檸檬香茅、檸檬草，盛產於東南亞、印度、中國、印尼等地，外型窄長似棒狀，全草均可使用。

香茅以運用葉和基部嫩莖稈為主，因帶有檸檬香氣應用極為廣泛，從甜點、飲料再到料理，成為南洋風味的極大特色，常與蒜頭、辣椒、胡荽搭配烹煮海鮮，各式咖哩也少不了用它添香。

也因為氣味清爽宜人，人們也常拿香茅來調配花草茶飲，如檸檬香茅加馬鞭草、菩提葉、薄荷，就是舒緩情緒的花草茶。香茅的香氣濃郁，經提煉還能萃取出精油運用在生活裡，可泡澡、薰香、驅蚊蟲，有抑菌、消腫、止癢的功效。

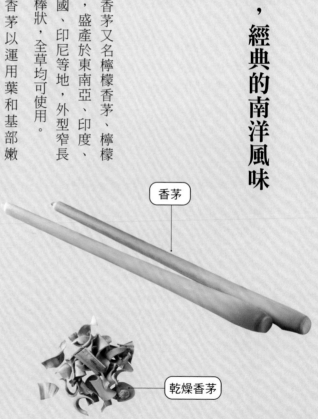

香茅

乾燥香茅

南洋料理 香茅清爽的氣味是調理肉類、魚類的最佳香料選擇，還能熬煮成火鍋湯底，或製作香茅烤魚等菜餚，幾乎與所有南洋香料百搭不膩，清新的氣味有畫龍點睛之效。

調製飲料 新鮮或乾燥的香茅葉片與莖稈，均具有濃郁的檸檬香味，可替代檸檬調製成清新爽口的檸檬香茅水飲用，或製作花草茶、點心。

〈 保存要訣 〉

• 新鮮的檸檬香茅莖稈，請裝入密封袋或密封盒，收進冰箱冷藏保存；若一次購買的量較大，也可放置冷凍室延長保存期限。

• 乾燥的香茅香料，以製成片狀或絲狀居多，請裝入密封罐內，置於陽光不會直射的蔭涼乾燥處。

Check!

挑選技巧

1 新鮮香茅請選擇香氣濃郁、外表無外傷或腐爛較佳，根莖部要白白胖胖的，最適合做料理。

2 部分大型百貨超市有販賣急凍香茅絲，可收在冷凍庫中隨時取用，十分便利。

材料

鮮蝦	6隻	香菜	5g
蛤蠣	10粒	紅咖哩糊	15mL
透抽	80g	水	250mL
新鮮香茅	1支	檸檬葉	2片
紅辣椒	10g	魚露	10mL
小番茄	6粒	檸檬汁	15mL

作法

1_ 鮮蝦剝去頭和殼，留著備用。食材洗淨，透抽切圈、新鮮香茅切段、紅辣椒斜切、香菜葉和根分開，小番茄對剖。

2_ 起鍋放入蝦頭和殼，不放油乾炒出蝦的香氣，再倒水煮開後轉小火續煮約15分鐘過濾成蝦湯。

3_ 另取一鍋放入蝦湯、香菜根、香茅、檸檬葉煮約5分鐘後，放入紅咖哩糊攪拌均勻，再加透抽圈、蛤蠣、去除頭殼的鮮蝦，煮開後放小番茄、紅辣椒、魚露，最後倒下檸檬汁即可盛碗，上頭放幾片香菜葉即可。

Tips_

酸辣海鮮湯即為冬陰功湯（tom yum gung），是泰國
餐館中最受歡迎的料理之一，湯裡通常有蝦、透抽、草
菇等配料，亦可依個人喜好酌量調整配方。

Thai Holy Basil

〈 打拋葉 〉

涼拌 煎炒 做醬

香氣濃郁，替肉類除腥添香

打拋葉為唇形科羅勒屬下的植物種之一，為印度聖羅勒的變種，又稱泰國聖羅勒，是一種泰國香草，具有特殊濃烈的香氣，入菜能去除肉類腥味，最常運用在泰式料理中，料理成美味的打拋雞、打拋豬、打拋牛。

打拋葉因非台灣原生種的植物，加上不易購得、人們對它的認識不夠深入，所以在台灣常以香氣和味道類似的九層塔替代，事實上，打拋葉的葉子比九層塔細窄許多，末端花朵的樣子也不同，如果對打拋葉的滋味很感興趣，可以到花市的香草專賣攤位或南洋料理食材店尋寶。

泰式料理 泰式國民美食「打拋豬肉」十分聞名，裡頭使用的聖羅勒葉也因此被稱為「打拋葉」或「嘎拋葉」，濃烈芬芳的香氣，拌炒成融合酸甜辣鹹的打拋料理，非常下飯。

〈 保存要訣 〉

- 離土的新鮮打拋葉，應以白報紙或牛皮紙包妥裝進密封袋，放進冰箱可冷藏約1－2日，但葉子會隨時間氧化變黑、氣味也會漸漸變淡，一定要盡快吃完。

- 若為打拋醬，開封後請收進冰箱冷藏保存，取用時以乾淨乾燥的餐具適量挖取。

挑選技巧

1 台灣較難直接購得打拋葉，可至南洋料理食材店逛逛，或者購買新鮮聖羅勒回家栽種最好。

2 若無法取得打拋葉，可以用九層塔替代，但若想忠於原味，以市售調製好的打拋醬直接料理亦可。

打拋豬肉_

材料

打拋葉………15g
豬絞肉………250g
蒜頭………15g
紅蔥頭………10g
紅辣椒………10g
棕櫚糖………10g

魚露………15mL
檸檬汁………10mL
薄荷葉………5g
青蔥………5g
白米………30g
椰子汁………50mL

作法

1_ 蒜頭、紅蔥頭、紅辣椒、青蔥切碎備用，白米放入
鍋內用中火慢慢乾炒成金黃色，搗成碎末備用。

2_ 起鍋放椰子汁煮開後，加豬絞肉一起炒至水分收
乾，再下蒜頭、紅蔥頭、紅辣椒碎炒出香味，接著
加入棕櫚糖、魚露拌炒。

3_ 接下來放入米碎續炒，最後放打拋葉拌勻，並倒下
檸檬汁即可盛盤，上頭可撒點薄荷葉、青蔥碎。

Tips_

打拋葉為羅勒家族中的一員，拿來炒蛋或茄子也十分合適。

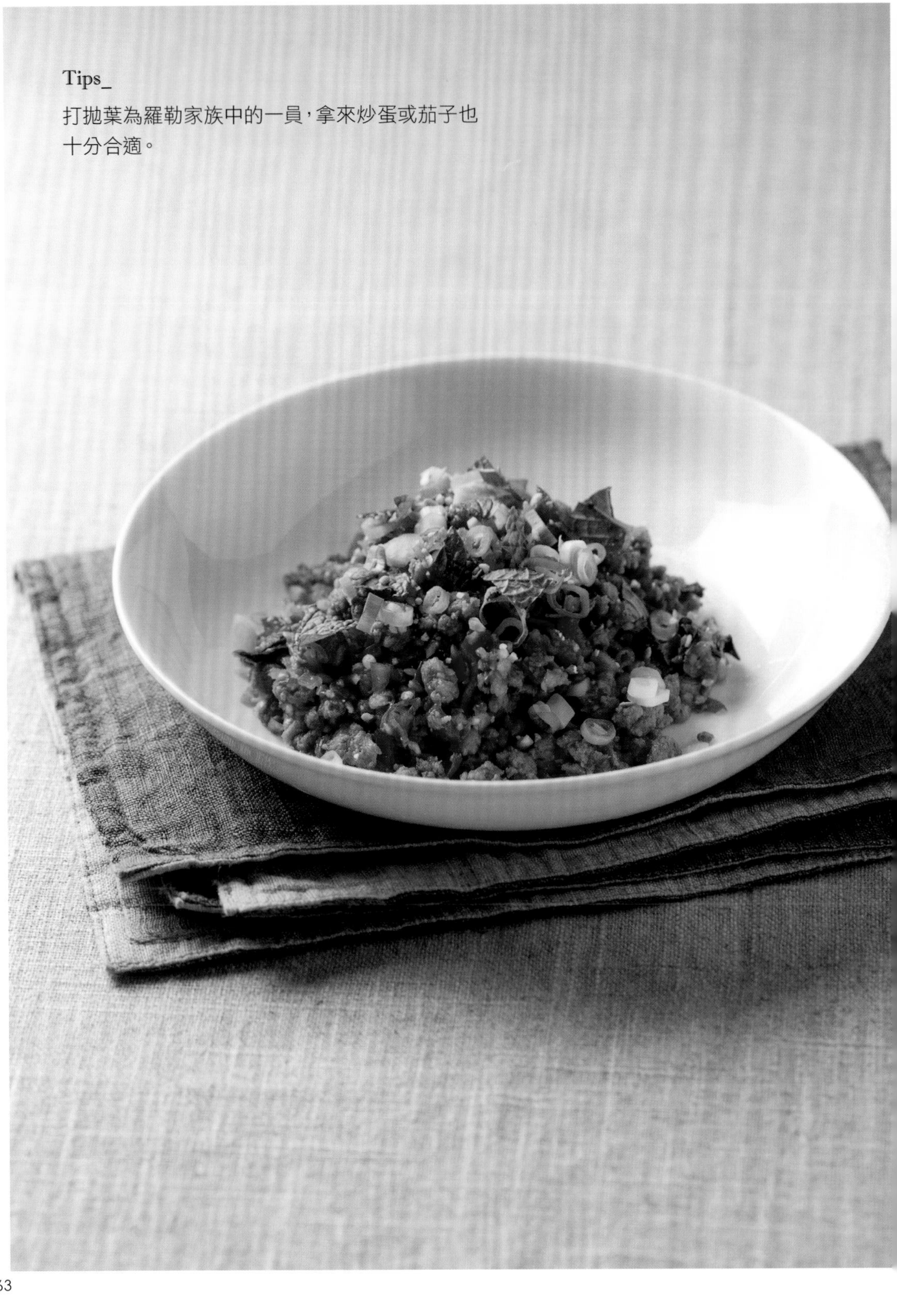

Kaffir Lime Leaf

〈 檸檬葉 〉

涼拌　燉煮　熱炒

清新柑橘香，南洋料理的調味三寶之一

檸檬葉又稱萊姆葉，東南亞地區經常使用它的果皮和葉片入菜，替食物增添獨特的柑橘芬芳，味道清新持久，最常與南薑、香茅等搭配，是南洋料理中普遍使用的百搭香料，加在沙拉、熱炒、湯品及咖哩裡，襯托出菜餚的美味。

檸檬葉呈深綠色或墨綠色，以完全展開、硬化的葉片香氣最濃郁，嫩葉香氣略差，一般在料理烹調時，可將檸檬葉整片放入，也可剪成細絲或用手撕碎，在一開

始烹煮料理的當下就要加入，善用熱度煮出香味後即可撈起。

中醫認為，檸檬葉的味辛甘、屬性溫，有止咳理氣、改善腹脹之效果，有時檸檬葉也會與香茅、迷迭香等製成花草茶，滋味清爽怡人。

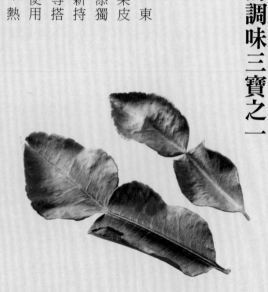

去腥調味 檸檬葉適用於海鮮及肉類料理，有助去腥調味、增添風味，烹煮出來的菜餚清新爽口，但葉片口感硬，不適合直接食用。

萃取精油 檸檬葉的香氣強烈又迷人，提煉的精油氣味清新優雅，能幫助緩和焦慮，並且有舒緩呼吸道不適的效果。

〈 保存要訣 〉

• 新鮮檸檬葉放入密封袋或密封盒內，置於冰箱約可冷藏保存兩星期；冷凍保存則可以存放長達10－12個月左右。

• 市售的乾燥檸檬葉，包裝開封後請收入密封袋或密封盒罐內，存放在室內陰涼處即可。

Check!
挑選技巧

1 台灣的氣候較不適宜種植檸檬葉，因此市售檸檬葉多半是從南洋進口的乾燥品，乾燥後雖然較易保存，但香氣也比新鮮檸檬葉略減。

2 購買時可先試聞，並挑選大而完整的葉片，很特別的是，檸檬葉看起來如同兩葉相連，此特徵稱為「單身複葉」。

清蒸檸檬魚_

材料

鱸魚··················1 隻（700-800g）

檸檬葉··············5片

新鮮香茅···········2支

檸檬··················2粒

香菜··················20g

朝天椒···············2根

蒜頭··················5g

魚露··················30mL

棕櫚糖···············5g

鹽·····················適量

米酒··················15mL

作法

1_ 食材洗淨，將新鮮香茅切段，香菜葉和莖分
   開、莖切末，朝天椒、蒜頭切碎，檸檬一顆
   半擠汁，另外半顆切片備用。

2_ 將檸檬汁、魚露、棕櫚糖拌勻，加入朝天
   椒、蒜頭碎和香菜莖末，攪拌成醬汁。

3_ 鱸魚去鱗去內臟，從下方魚肚處往背鰭方向
   剖半不要斷，將魚放上盤子，魚肚塞檸檬葉
   和香茅，魚身抹上鹽、米酒醃約10分鐘。

4_ 準備蒸鍋，水滾放入魚蒸約10分鐘後起鍋，
   將調好的醬汁淋在魚上，並鋪上檸檬片、撒
   香菜葉即可。

檸檬葉散發淡淡柑橘清香,特別適用於烹煮檸檬魚、綠咖哩雞等肉類料理,烹調時通常會將整片檸檬葉放入,或是將葉子撕碎、剪絲,煮好後即可撈出。

檸檬葉　—　　基礎調味品　—　調合調味品　—　常用辛香料　—

Spanish Paprika

〈 西班牙紅椒粉 〉

醃漬 涼拌 燉煮 熱炒

鮮紅色澤誘人，柴燒煙燻香氣迷人

色澤紅艷的西班牙紅椒粉，有「西班牙調味之后」的美稱，多採用西班牙La Vera地區盛產的紅椒製作而成，因當地屬地中海型氣候，獨特的種植環境及柴燒煙燻烘製過程，造就西班牙紅椒粉別於一般辣椒粉的辛嗆，在微辣中又帶些許甜味，木頭香氣深深滲入，別具西班牙式的活潑熱情。

西班牙紅椒粉分兩種，一種是甜味紅椒粉，辣感柔和輕微，另一種則是辣味紅椒粉，辣感較重。西班牙紅椒粉因色澤鮮豔常用以替料

理增色調味，如深紅色的西班牙臘肉腸（喬利佐香腸，Chorizo），也常拿來烹調西班牙海鮮飯、燉菜等各式料理，或是與奶油混合成沾醬、抹醬。

誘人色澤及煙燻味 西班牙紅椒粉的色澤鮮紅，辛香辣中帶甜味，因以木頭燻製故散發濃郁煙燻味，許多地中海菜餚喜歡用它上色與調味，如西班牙海鮮燉飯、燉菜，也可拿來料理義大利麵與肉類。

歐風開胃菜 西班牙紅椒粉和橄欖、起士、煙燻香腸、火腿搭配，就成了美味的開胃前菜，招待朋友或當下酒點心都很合適。

〈 **保存要訣** 〉

• 西班牙紅椒粉多以鐵罐或玻璃罐裝販售，請將蓋子關緊密封，收在陰涼、不被太陽直射的地方。

Check!
挑選技巧

1 台灣沒有生產西班牙紅椒粉，全數仰賴進口。西班牙紅椒粉分辣味與甜味兩種，可依個人接受度選擇口味及品牌，並注意保存期限。

2 如用量不大或首次嘗試，可優先購買小瓶裝。

西班牙紅椒粉 ｜ 基礎調味品 ｜ 調合調味品 ｜ 常用辛香料 ｜

Tips_
這道醬汁的香氣豐富、口感濃稠,很適合搭配肉
類或義大利麵,熬煮時要勤於攪拌以避免燒焦。

西班牙番茄辣味紅椒醬 —

沾醬 羊肉 海鮮 魚肉 雞肉 豬肉 牛肉 蔬菜 義麵

材料

番茄碎⋯⋯⋯⋯⋯250g

洋蔥⋯⋯⋯⋯⋯⋯60g

蒜頭⋯⋯⋯⋯⋯⋯15g

紅辣椒⋯⋯⋯⋯⋯15g

西班牙紅椒粉⋯⋯10g

榛果⋯⋯⋯⋯⋯⋯15g

橄欖油⋯⋯⋯⋯⋯15mL

鹽⋯⋯⋯⋯⋯⋯⋯適量

白胡椒粉⋯⋯⋯⋯適量

如何保存

可事先做起來隨時取用。做好的醬室溫下可放8小時，冷藏1-2週。

作法

1_ 食材洗淨，洋蔥、蒜頭、紅辣椒、榛果都切碎。

2_ 起鍋加入橄欖油，以中火炒香洋蔥、蒜頭、紅辣椒碎，再放西班牙紅椒粉、番茄碎，煮開後轉小火繼續煮約10分鐘。

3_ 加入鹽、白胡椒粉調味，最後加入榛果碎即可。

Hungarian Paprika

〈匈牙利紅椒粉〉

醃肉 涼拌 燉煮 燒烤

香而不辣，具水果甜香味

匈牙利紅椒粉又稱紅甜椒粉、紅椒粉，呈濃厚的棗紅色，是紅甜椒經處理烘乾後再磨成細緻的粉末，香氣濃郁卻不嗆辣，口味略微偏甜、帶一些水果香味，用途非常廣泛。

雖名為匈牙利紅椒粉，但目前栽植的地區以美國、匈牙利及摩洛哥等地居多，植株因生長地的氣候、溫度、土壤等條件不同，結出的紅椒果實味道、色澤也有

差異，擅長運用辛香料者認為，紅椒粉的用途廣度和頻繁度不遜於胡椒，不僅可以添香、增色、拿來爆香，更是匈牙利人醃漬肉類、烹煮燉菜及燉飯、湯品不可或缺的好夥伴。

調味食物 料理時調入些許匈牙利紅椒粉,能讓料理香氣四溢,常用在沙拉、煮湯、燒烤、燉煮料理裡,如匈牙利牛肉飯、經典魚湯、紅椒燉雞等,聞起來辛香,實則香甜,是極具特色的調味香料。

配色增香 因匈牙利紅椒粉的鮮艷色澤,入菜能為食物增色,調理出更令人食慾大開的色香味。

〈 保存要訣 〉

• 匈牙利紅椒粉多以鐵罐或玻璃罐原裝販售,請將蓋子關緊密封,收在陰涼、不被太陽直射的地方。

Check!
挑選
技巧

1 台灣沒有生產匈牙利紅椒粉,全數仰賴進口。可依個人喜好選擇品牌,顏色越飽滿越佳,並請注意保存期限。

2 如用量不大或首次嘗試,可優先購買小瓶裝。

匈牙利紅椒粉 ── 基礎調味品 ── 調合調味品 ── 常用辛香料 ──

匈牙利甜椒雞_

材料

去皮雞胸肉⋯⋯⋯⋯200g

洋蔥⋯⋯⋯⋯⋯⋯⋯80g

蒜頭⋯⋯⋯⋯⋯⋯⋯15g

紅辣椒⋯⋯⋯⋯⋯⋯15g

匈牙利紅椒粉⋯⋯⋯20g

酸奶油⋯⋯⋯⋯⋯⋯80g

液態鮮奶油⋯⋯⋯⋯80mL

水⋯⋯⋯⋯⋯⋯⋯⋯250mL

中筋麵粉⋯⋯⋯⋯⋯40g

鹽⋯⋯⋯⋯⋯⋯⋯⋯適量

白胡椒粉⋯⋯⋯⋯⋯適量

橄欖油⋯⋯⋯⋯⋯⋯15mL

作法

1_ 食材洗淨，洋蔥、蒜頭、紅辣椒去籽，都切成碎
備用。

2_ 雞胸肉切成塊，另將酸奶油、鮮奶油、中筋麵粉
拌勻成麵糊。

3_ 起鍋放入橄欖油，以中火炒香洋蔥、蒜頭、紅辣
椒碎，再放入匈牙利紅椒粉拌炒，之後加入水。

4_ 煮開後放入雞胸肉塊，以小火慢煮至雞胸快熟，
再拌入麵糊攪拌，最後添加鹽、白胡椒粉調味。

Tips_

加入麵糊後一定要轉小火，以免產生焦味。這裡所指的
酸奶油（Sour cream），也常用於製作甜點，在一般超
市、食材行皆可購得。

Rosemary

〈 迷迭香 〉

醃漬 香煎 燒烤

香而不辣，具有水果甜香味

有著美麗名字的「迷迭香Rosemary」，在國外常以此替女性取名。迷迭香擁有馥郁獨特的香氣，葉子外形如針葉樹般細長，味道甜中帶些微苦，栽種上相當耐旱，需要充足日照、良好通風與水分，很容易照顧，許多喜愛迷迭香風味者，都會自行在窗台或院子栽種，當成常備的烹飪新鮮調味香草。

新鮮迷迭香以手搓揉葉片，或是摘下洗淨剁碎，都有助釋放獨特的香氣，但料理時須注意，迷迭香放太多

加熱後易變苦，大約每一百公克的食材，建議搭配2-3公克的迷迭香即可，以免食物的美味變調。除了應用在料理上，迷迭香也可萃取成精油，應用在芳療薰香、泡澡，或添加於香水、香皂、洗髮精等護膚保養品中。

（除腥增香）無論新鮮或乾燥的迷迭香葉，都散發馥郁的香氣，可單獨用在肉類、魚、海鮮的除腥增香，如乾煎迷迭香雞腿、迷迭香羊排等。

（烘焙點心）迷迭香可加入麵團製作麵包或烘焙點心，如佛卡夏等。

（香料調味品）迷迭香浸漬於橄欖油、醋或鹽中，分別可製成烹飪用的香草油、香草醋及香草鹽，提升料理風味。

（紓壓花草茶）複方花草茶中，迷迭香常是其中一味配方，泡成花草茶喝有些許酸味，但香氣讓人舒適放鬆。

〈 保存要訣 〉

• 使用新鮮的香草最好，若離土則以白報紙包好，置入冰箱冷藏可保鮮約2-3日。

• 乾燥迷迭香請將蓋口密封好，置於室內陰涼通風不被太陽直射處。

Check!

挑選
技巧

1 新鮮迷迭香請挑選葉片翠綠、沒有乾枯的。許多人亦會在自家陽台栽種一盆，需要時隨手摘取就有新鮮香料可用。

2 乾燥迷迭香台灣較少生產，市面常見進口產品，可依個人喜好選擇品牌，並注意保存期限。如用量不大，以小瓶裝為優先購買順序。

迷迭香 — 基礎調味品 — 調合調味品 — 常用辛香料 —

月桂葉

Bay Leaf

〔燜煲〕〔燉煮〕〔煙燻〕

適合燉煮料理，且有矯臭驅蟲作用

月桂葉又名玉桂葉、桂樹葉，是從月桂樹採摘下來的葉子，在古希臘羅馬時期象徵著智慧與勝利的榮耀。

新鮮的月桂葉片香氣溫和宜人，切碎或乾燥後，香味則變得更加濃烈，料理時遇熱能釋放出更多香味，是歐洲、地中海、中東、南洋各地極為常見的調味香料，濃郁香氣適合烹煮西式、法式、地中海式、印度料理，如燉牛肉、羅宋湯等，幫助食材去腥味增香。

台灣幾乎不產月桂葉，市面上的產品多數仰賴進口，除了月桂葉外，有些超市亦有販售月桂葉粉，是將乾燥月桂葉研磨成細緻的粉末，可與鹽混合製成月桂鹽，添加在料理裡面香氣十足。

〈 功能應用 〉

去腥增香 月桂葉有去腥增香之作用，適合調理肉類、海鮮和蔬菜，常用於煲湯、燉煮、醃漬，通常是整片葉直接放入，或將帶莖的月桂葉綜合其他香草以棉線綁成束入鍋燉煮，料理完成後撈起。

切碎磨粉味道更香 將月桂葉切碎或磨粉，有助釋出更多香味，通常一鍋用1-2片已足夠，但因磨粉後的葉渣口感不好，建議以紗布茶包包裹以便取出。

防腐驅蟲 月桂葉的特殊香氣，具有極佳的矯臭性與防腐驅蟲作用，不妨試著在米桶中放一片乾燥月桂葉，可以預防米蟲侵襲。

〈 保存要訣 〉

• 新鮮月桂葉可收進冰箱冷藏，或置於室內通風蔭涼處，當葉子自然被風乾，香氣也會逐漸減淡。

• 乾燥月桂葉請收入密封袋或密封罐內，置於蔭涼乾燥處或冰箱冷藏，避免受潮影響風味。

挑選技巧 Check!

1 無論新鮮或乾燥月桂葉，都盡量挑選香氣充足且葉片平整肥厚無破損者較佳。

2 除超市或食材行外，其實到中藥行也能購得月桂葉。

月桂葉 — 基礎調味品 — 調合調味品 — 常用辛香料 —

A

B

A 月桂葉醃料_

使用月桂葉

熱炒 燒烤 醃漬 羊肉 雞肉 豬肉 牛肉 蔬菜 飯麵 菇類 雞蛋

材料

月桂葉⋯⋯⋯2片

黑胡椒粒⋯⋯5粒

橄欖油⋯⋯⋯100mL

粗鹽⋯⋯⋯⋯適量

白酒⋯⋯⋯⋯20mL

如何保存

使用前適量製作即可。做好的醃醬室溫下可放8小時，冷藏可放1-2週。

作法

把全部材料混合攪拌均勻即可。

B 迷迭香蒜油_

使用迷迭香

沾醬 火鍋 海鮮 魚肉 雞肉 豬肉 牛肉 麵包 義麵 雞蛋

材料

蒜頭⋯⋯⋯⋯30g

新鮮迷迭香⋯10g

橄欖油⋯⋯⋯200mL

鹽⋯⋯⋯⋯⋯適量

如何保存

可事先做起來隨時取用。做好的香草油室溫可放8小時，冷藏1週。

作法

1_ 蒜頭去皮洗淨、新鮮迷迭香洗淨，用紙巾擦乾。

2_ 起鍋放入橄欖油，冷油放入蒜頭、新鮮迷迭香至加熱5分鐘後（不要出現油泡），接著加鹽拌勻即可關火，放冷即可裝瓶。

羅宋湯

材料

月桂葉	2片	馬鈴薯	30g
牛肋條	60g	甜菜根	30g
番茄碎	80g	酸奶油	15g
洋蔥	60g	蔬菜油	15mL
高麗菜	60g	鹽	適量
紅蘿蔔	30g	白胡椒粉	適量
白蘿蔔	30g	水	350mL

作法

1_ 洋蔥、高麗菜、紅蘿蔔、白蘿蔔、馬鈴薯、甜菜根都切成丁片狀。

2_ 牛肉放入水裡，用大火煮開後轉小火續煮10分鐘，牛肉拿起切丁片狀，湯留作高湯備用。

3_ 起鍋放入蔬菜油，以中火炒香洋蔥、紅白蘿蔔、高麗菜、甜菜根，再加月桂葉、番茄碎，並倒入高湯煮開。

4_ 接著放入牛肉煮約20分鐘，加馬鈴薯煮至熟再以鹽、白胡椒粉調味。

5_ 將湯盛碗，上頭放點酸奶油即可。

Tips_

湯煮至甜菜根熟透再放馬鈴薯，是因為甜菜根難熟，需
要的烹煮時間長，如先放馬鈴薯會煮至熟透化掉。

Basil

羅勒

`涼拌` `煎炒` `做醬`

番茄、魚肉、義大麵的速配好夥伴

羅勒有「香草之王」的美稱，台灣人常將它與九層塔混淆，實質上羅勒的氣味較為溫和，品種如甜羅勒、檸檬羅勒、紫羅勒、聖羅勒、綠羅勒、肉桂羅勒等，種類繁多，其中又以氣味清甜的「甜羅勒」最常見，廣泛運用在各國的香草料理中，最經典的即為青醬義大利麵。

翠綠鮮嫩的羅勒，一遇熱便容易氧化變黑，導致風味迅速變淡，因此建議熄火起鍋前適量加入，香氣十足又能保持色澤；另外，也有人

會製作油漬羅勒番茄乾、羅勒辣椒油等，利用橄欖油將食材的色香味封存起來。

與番茄口味非常速配的香料還有奧勒岡，奧勒岡（Oregano）又名披薩草、花薄荷，氣味獨特似檸檬與紫蘇般芳香，常和羅勒一起用在披薩調味上。

奧勒岡

(搭配番茄和肉類) 羅勒的香氣、味道與番茄及魚肉海鮮類最搭，可用在沙拉、披薩、義大利麵等，如瑪格麗特披薩、沙拉佐羅勒油醋醬等，在東南亞料理如越南湯河粉也常見到。

(青醬義大利麵) 甜羅勒搭配松子、蒜頭、橄欖油、鹽等製成義大利青醬，或和其他香草綜合調製成香草醬、油醋醬、香草油，拿來拌麵或沾麵包都很美味。

(調配香草茶) 檸檬羅勒適合沖泡香草茶，氣味清爽解油膩，對消化和呼吸系統有幫助。

• 離土的新鮮羅勒，應裝進塑膠袋或保鮮盒裡收入冰箱冷藏，可保存1-2日，請在氣味逐漸變淡、葉子氧化變黑前盡快吃完。

• 乾燥羅勒多為粉末狀，以瓶罐或密封袋盛裝，開封後應密封好，置於室內陰涼通風處常溫保存，避免太陽直射。

羅勒 ― 基礎調味品 ― 調合調味品 ― 常用辛香料 ―

Check!
挑選技巧

1 一般市場較少販售甜羅勒，如果可以，以自家栽種的新鮮羅勒最好。

2 新鮮羅勒應葉片完整、莖葉翠綠不乾燥，無萎軟、氧化變黑的情況較佳。

Tips_

羅勒較容易氧化變黑，做成
醬也不適合在冰箱冰太久，
要盡快食用完畢。

B

A

Tips_

如果一次做的抹醬份量大，可用
烘焙紙將做好的青醬奶油抹醬捲
起，收入冷藏或冷凍。

A 青醬奶油抹醬_

沙拉 火鍋 抹醬 海鮮 雞肉 豬肉 牛肉 蔬菜 麵包 菇類 雞蛋

材料

無鹽奶油........120g

新鮮羅勒葉......15g

蒜頭............5g

松子............15g

鹽............適量

白胡椒粉........適量

如何保存

可事先做起來隨時取用。做好的抹醬室溫下可放1小時，冷藏1-2週，冷凍2-3個月。

作法

1_ 無鹽奶油在室溫下放軟，蒜頭、羅勒葉、松子都切成碎備用。

2_ 將所有食材混合均勻，同時加鹽、白胡椒粉調味拌勻，做好後即可收入冰箱，需要就隨時取用。

B 蒜味羅勒油醋_

沙拉 火鍋 沾醬 海鮮 雞肉 豬肉 牛肉 蔬菜 麵包 雞蛋

材料

蒜頭............5g

羅勒葉..........5g

檸檬汁..........15mL

紅酒醋..........15mL

橄欖油..........90mL

鹽............適量

白胡椒粉........適量

如何保存

使用前適量製作即可。做好的油醋醬室溫可放2小時，冷藏6小時。

作法

1_ 蒜頭、羅勒葉洗淨，切碎備用。

2_ 鹽、白胡椒粉、紅酒醋、檸檬汁攪拌均勻，再放橄欖油、蒜頭、羅勒碎一起拌勻，靜置15-20分鐘待入味即可。

〈 口味百變的義大利麵 〉

奶油白醬

【材料】

鮮奶　550mL
液態鮮奶油　250mL
無鹽奶油　100g
中筋麵粉　100g
鹽　適量
荳蔻粉　適量

如何保存

做好的醬室溫下可放8小時，冷藏2-3週，冷凍2-3個月。

【作法】

1_ 先將鮮奶和鮮奶油倒入鍋中同煮。

2_ 另取一鍋放入無鹽奶油，加熱溶化後放中筋麵粉拌勻，再加入步驟一煮好的鮮奶和鮮奶油，以小火邊攪邊拌，放點荳蔻粉和鹽調味，煮成綿滑的白醬即可。

Tips_ 炒麵粉時火不能太大，否則容易燒焦。

番茄紅醬

【材料】

罐裝番茄碎　350g
洋蔥　80g
蒜頭　15g
乾燥奧勒岡　5g
鹽　適量
白胡椒粉　適量
白砂糖　5g
橄欖油　15mL

如何保存

做好的醬室溫下可放8小時，冷藏2-3週，冷凍2-3個月。

Tips_ 可買市售的罐裝番茄碎就很好用了，乾燥奧勒岡碎在一般超市可購得。

【作法】

1_ 洋蔥、蒜頭切碎，起鍋放入橄欖油炒香蒜頭和洋蔥碎。

2_ 加番茄碎拌炒，放奧勒岡煮約10分鐘，加鹽、白胡椒粉、糖拌勻即可。

波隆納肉醬

【材料】

牛絞肉　250g
豬絞肉　250g
洋蔥　120g
蒜頭　15g
罐裝番茄碎　120g
罐裝番茄糊　60g
紅蘿蔔　60g
西洋芹　60g
紅酒　120mL
月桂葉　1片
乾燥奧勒岡　3g
橄欖油　30mL
水　600mL
鹽　適量
白胡椒　適量

如何保存

做好的醬室溫下可放8小時，冷藏
1-2週，冷凍1-2個月。

【作法】

1_ 洋蔥、蒜頭、西芹、紅蘿蔔切碎。起鍋加橄欖油炒洋蔥、蒜頭碎，再放紅蘿蔔碎、西芹碎炒香，接著加牛絞肉、豬絞肉炒熟。

2_ 加入紅酒、番茄糊拌炒，再放番茄碎、月桂葉、奧勒岡，並加入水煮開後轉小火慢煮，最後以鹽、白胡椒粉調味即可。

Tips_
牛絞肉與豬絞肉混合使用，香氣和口感會更足，如不吃牛肉，可換成豬絞肉。

香濃南瓜醬

Tips_
為了讓麵條充分沾裹到醬料，建議可選用瓜肉帶黏性的東洋南瓜或東昇南瓜，這兩個品種的南瓜特別適合做義大利麵醬。

【材料】

南瓜　250g
洋蔥　60g
無鹽奶油　15g
液態鮮奶油　80mL
水　250mL
鹽　適量
白胡椒粉　適量

如何保存

做好的醬室溫下可放6小時，冷藏1-2週，冷凍1-2個月。

【作法】

1_ 南瓜去皮切丁，洋蔥切碎。起鍋加入無鹽奶油炒香洋蔥碎、南瓜丁。

2_ 加入水，煮開後轉小火至南瓜軟化，用果汁機打成泥狀，再以鹽、白胡椒粉調味，並加入鮮奶油拌勻。

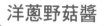

〈 口味百變的義大利麵 〉

【材料】
新鮮香菇　60g
洋菇　60g
秀珍菇　30g
洋蔥　30g
蒜頭　15g
罐裝番茄碎　160g
鮮奶油　60mL
橄欖油　15g
鹽　適量
白胡椒粉　適量

如何保存
做好的醬室溫下可放2
小時，冷藏6小時。

【作法】
1_ 新鮮香菇、洋菇、秀珍菇
　　切片，洋蔥、蒜頭切碎，
　　備用。
2_ 起鍋先放橄欖油炒香三種
　　菇類，再加洋蔥、蒜頭碎
　　炒至變軟，接著放下番茄
　　碎，再倒下鮮奶油煮開，
　　轉小火煮約15分鐘後加
　　鹽、白胡椒粉調味。

洋蔥野菇醬

鮮味墨魚醬

【材料】
墨魚汁　15mL　　　月桂葉　1片
洋蔥　50g　　　　　鹽　適量
蒜頭　15g　　　　　白胡椒　適量
白酒　100mL　　　高湯　150mL
橄欖油　10mL

如何保存
做好的醬室溫下可放2小時，冷藏6小時。

【作法】
1_ 洋蔥、蒜頭切碎，備用。起鍋放入橄
　　欖油，炒香洋蔥、蒜頭碎。
2_ 再加白酒煮至酒精蒸發，接著放高湯
　　用慢火煮至剩一半，此時加入月桂
　　葉、墨魚汁、鹽、白胡椒調味即可。

松子青醬

【材料】

羅勒葉　120g
松子　60g
橄欖油　150mL
蒜頭　10g
帕瑪森起司粉　20g
鹽　適量
黑胡椒碎　適量

如何保存

做好的醬室溫下可放3-6小時，冷藏1-2天。

【作法】

1_ 準備調理機或果汁機，將洗淨的羅勒葉、蒜頭、橄欖油放入用慢速打，再加松子打勻。

2_ 之後再放帕馬森起司粉、鹽、黑胡椒碎拌勻即可。

鮮香夠味的鮮蝦義大利麵醬

【材料】

新鮮小蝦　120g
洋蔥　20g
紅蘿蔔　20g
西洋芹　15g
蒜頭　10g
罐裝番茄糊　15g
白酒　15mL
中筋麵粉　15g
高湯　250mL
月桂葉　1片
無鹽奶油　10g
鮮奶油　20mL
鹽　適量
白胡椒粉　適量

如何保存

做好的醬室溫下可放6小時，冷藏2-3週，冷凍3-5個月。

【作法】

1_ 食材洗淨，洋蔥、紅蘿蔔、西洋芹切小塊，蒜頭切碎，備用。

2_ 起鍋放入無鹽奶油，先加新鮮小蝦炒至蝦殼變紅、香味散發。

3_ 再放蒜頭碎、洋蔥、紅蘿蔔、西洋芹一起拌炒，接著加番茄糊拌炒均勻。

4_ 月桂葉放入，再加中筋麵粉拌炒，接著放白酒、高湯炒好後轉大火讓醬汁煮開，之後轉小火續煮約25分鐘再過濾留汁，蝦和蔬菜都不要。

5_ 在醬汁中加入鮮奶油煮開，以鹽、白胡椒粉調味。

明太子白醬義大利麵_

材料

白醬·················100g

義大利麵··········160g

水·······················1L

橄欖油·············15mL

鹽·······················適量

白胡椒粉···········適量

明太子··············50g

海苔絲···············5g

七味粉···············適量

作法

1_ 取一鍋放水煮開後加入橄欖油、鹽，水滾後放義
   大利麵慢慢攪拌，麵條煮約12分鐘即可撈起（可
   視個人洗好的軟硬度調整煮的時間長短）。

2_ 將煮好的麵撈起濾去水分，再放白醬和明太子拌
   勻即可盛盤，食用前上頭撒點海苔絲與七味粉。

Tips_
義大利麵加入白醬和明太子後，火
不能開太大否則很容易出油。

附錄 一

懂得換算分量，調出準確好味道

想要調出好味道，首先要弄懂容積與重量的代換關係。本書食譜多以最常用的公克、公斤、毫升、公升為單位，幫助大家計算更精準，假使手邊沒有量杯，運用量匙或茶匙也能達到相同的效果。當然，醬料配方其實沒有標準答案，自己多嘗試，人人都能調製出獨一無二的好滋味。

常用容積代換

毫升mL＝公撮cc	
1公升（1L）＝1000 mL	
1量杯（1cup）＝240 mL＝16大匙（16T）	
1量米杯＝180 mL＝12大匙（12T）	
1大匙（1T）＝15 mL＝3小匙（3t）	
1小匙（1t）＝5 mL＝1茶匙（teaspoon）	
1/2小匙（1/2t）＝2.5 mL	
1/4小匙（1/4t）＝1.25 mL	

＊ 一般量杯滿杯為240mL，日式量杯滿杯為200mL，略有不同。

常用重量代換

公克＝g，公斤＝kg
1公斤（kg）＝1000公克（g）
1市斤＝500公克＝0.5公斤
1台斤＝16兩＝600公克
半台斤＝8兩＝300公克
1兩＝37.5公克
1公斤（kg）＝約2.2磅（lb）
1磅（lb）＝453.59公克＝約12兩＝16盎司（oz）
1盎司（oz）＝28.35公克

常用食材的容積與重量比

	1小匙（1t）	1大匙（1T）	1量杯（1cup）
水	5公克	15公克	240公克
食用油	4.5公克	14公克	220-225公克
奶油	4.5-5公克	14.5公克	
鮮奶	4.5公克	14公克	220-225公克
食鹽	4.4公克	13公克	205-210公克
細砂糖	4公克	12公克	190-195公克
蜂蜜	6-7公克	20公克	320公克
麵粉	2.5公克	7公克	110-115公克
雞蛋	小顆約50-55公克	中顆約56-65公克	大顆約66-75公克

＊一般食譜預設一顆雞蛋的重量為60公克。

學會容器消毒法，新鮮美味保存更久

自製醬料用料實在、添加物少，自用或送人都很適宜。考量衛生與保存，避免費心精製的美味醬料快速腐敗，事先一定要徹底執行消毒步驟，若是剛煮好的醬趁熱裝瓶，裝至8-9分滿可鎖緊瓶蓋倒扣，使瓶內產生真空效果延長保存期限。做好的醬趁新鮮食用完畢最棒，開封後應收進冰箱冷藏，以免久放變質喔！

煮沸消毒法

Step 1 玻璃罐入鍋煮沸

比起塑膠，玻璃耐酸、抗油、能承受高溫，是穩定度極佳的材質，但要注意的是，玻璃瞬間承受過大溫差易爆裂，所以消毒時要將玻璃罐「冷水入鍋」，一開始就入鍋與冷水同煮至沸騰，以達消毒效果。

Step 2 起鍋前消毒蓋子

水加熱至沸騰後，罐子留在鍋內煮10分鐘徹底消毒，並於起鍋前30秒將瓶蓋放入略燙一下（通常蓋子內緣有幫助密合的橡皮圈，不耐長時間加熱故燙一燙消毒即可）。

Step 3 倒扣靜置風乾

小心將玻璃罐與瓶蓋夾起，倒置在通風的不鏽鋼架上，靜置待其完全自然風乾。除了玻璃罐，用玻璃保鮮盒盛裝亦可。

蒸汽消毒法

若家裡恰好有寶寶的奶瓶消毒鍋，可利用蒸汽高溫達到消毒作用，完成後再利用消毒鍋本身的烘乾功能，或取出倒置風乾即可。

紫外線消毒法

有的烘碗機具紫外線消毒功能，但消毒時要避免同時堆疊太多餐具形成死角，造成消毒不全。另外，橡膠製品長期、多次經紫外線曝曬可能變質，如盒罐上有橡膠配件應留意。

餐桌上的調味百科（2024暢銷改版）

就是那個「味」！掌握道地風味的完美醬料烹調事典

作者	林勃攸、好吃編輯部
料理協力	劉兆銘、楊詩培
內頁攝影	Hand in Hand Photodesign 璞真奕睿影像工作室
封面攝影	王正毅
美術設計	瑞比特設計
封面設計	黃祺芸 Huang Chi Yun
社長	張淑貞
總編輯	許貝羚
企劃編輯	陳安琪
特約編輯	王婉瑜、張容慈、劉文宜
行銷企劃	呂玠蓉

國家圖書館出版品預行編目(CIP)資料

餐桌上的調味百科 / 林勃攸, 好
吃編輯部合著. -- 二版. -- 臺北市
：城邦文化事業股份有限公司麥浩
斯出版：英屬蓋曼群島商家庭傳
媒股份有限公司城邦分公司發行,
2024.03
面； 公分
ISBN 978-626-7401-42-2(平裝)
1.CST: 調味品 2.CST: 食譜
427.61
113002545

發行人 何飛鵬 | 事業群總經理 李淑霞 | 出版 城邦文化事業股份有限公司 麥浩斯出版 | 地址 115台北市南港區昆陽街
16號7樓 | 電話 02-2500-7578 | 傳真 02-2500-1915 | 購書專線 0800-020-299 | 發行 英屬蓋曼群島商家庭傳媒股份
有限公司城邦分公司 | 地址 115台北市南港區昆陽街16號5樓 | 電話 02-2500-0888 | 讀者服務電話 0800-020-299
（9:30AM~12:00PM；01:30PM~05:00PM）| 讀者服務傳真 02-2517-0999 | 讀這服務信箱 csc@cite.com.tw | 劃撥
帳號 19833516 | 戶名 英屬蓋曼群島商家庭傳媒股份有限公司城邦分公司 | 香港發行 城邦〈香港〉出版集團有限公司 | 地
址 香港九龍土瓜灣土瓜灣道86號順聯工業大廈6樓A室 | 電話 852-2508-6231 | 傳真 852-2578-9337 | Email hkcite@
biznetvigator.com | 馬新發行 城邦〈馬新〉出版集團Cite(M) Sdn Bhd | 地址 41, Jalan Radin Anum, Bandar Baru
Sri Petaling, 57000 Kuala Lumpur, Malaysia. | 電話 603-9056-3833 | 傳真 603-9057-6622

製版印刷 凱林印刷事業股份有限公司 | 總經銷 聯合發行股份有限公司 | 地址 新北市新店區寶橋路235巷6弄6號2樓 | 電
話 02-2917-8022 | 傳真 02-2915-6275 | 版次 二版一刷 2024年3月 | 定價 新台幣499元 | ISBN 978-626-7401-42-2（平
裝）Printed in Taiwan 著作權所有 翻印必究（缺頁或破損請寄回更換）